广西科学研究与技术开发计划项目(桂科转 14125004 - 4 - 2)

糖料蔗节水灌溉技术推广应用手册

李桂新　　李新建　　主编

黄 河 水 利 出 版 社
·郑 州·

图书在版编目(CIP)数据

糖料蔗节水灌溉技术推广应用手册/李桂新,李新建
主编. —郑州:黄河水利出版社,2015.8
ISBN 978 – 7 – 5509 – 1187 – 1

Ⅰ. ①糖… Ⅱ. ①李… ②李… Ⅲ. ①甘蔗 – 栽培 – 农
田灌溉 – 节约用水 – 手册 Ⅳ. ①S566. 107. 1 – 62

中国版本图书馆 CIP 数据核字(2015)第 193122 号

出 版 社:黄河水利出版社
　　　　地址:河南省郑州市顺河路黄委会综合楼 14 层　邮政编码:450003
发行单位:黄河水利出版社
　　　　发行部电话:0371 – 66026940、66020550、66028024、66022620(传真)
　　　　E-mail:hhslcbs@126. com
承印单位:河南省瑞光印务股份有限公司
开本:890 mm × 1 240 mm　1/32
印张:3. 5
字数:94 千字　　　　　　　　印数:1—2 000
版次:2015 年 8 月第 1 版　　　印次:2015 年 8 月第 1 次印刷
定价:36. 00 元

《糖料蔗节水灌溉技术推广应用手册》
编委会

核　　定：杨　焱

审　　查：顾　跃　　闫九球　　赵木林　　甘　幸

主　　编：李桂新　　李新建

撰稿人：莫　凡　　廖　婷　　粟世华　　梁梅英

　　　　　唐建军　　赵海雄　　罗维钢　　冯　广

　　　　　黄忠华　　李文斌　　阳青妹　　吴昌智

　　　　　黄　绘　　伍慧锋　　粟有科　　廖庆英

　　　　　郭　攀

前　言

　　广西位于亚热带地区,素有"八山一水一分田"之称。蔗糖业是广西支柱产业。广西现有50%的县(市、区)种植糖料蔗,糖料蔗主要分布在桂中、桂西南石灰岩旱坡地区,每年的种植面积达1 600万亩以上,糖料蔗产量和蔗糖产量均占全国的60%以上。但广西蔗糖产业发展也存在不少问题。广西年均降水量在1 000~1 400 mm,但降水时空分布极不均匀,70%~80%的年降水量集中在5~8月,9~12月是干旱季节,春、秋两季干旱对糖料蔗含糖量和产量造成巨大的影响。同时,受地形条件制约,90%的糖料蔗种植于旱坡耕地上,种植区水利灌溉设施极少,仍处于"靠天吃饭"局面,抗灾能力极低,产量波动大。目前全区蔗区中具有水利灌溉设施的仅有98.50万亩,灌溉率仅为6%,农田灌溉方法落后,大部分农户只能靠天然降水或自行抽水灌溉,只有少部分企业、农场有滴灌、喷灌、管灌等节水灌溉设施。因此,破解糖料蔗生产中的旱季灌溉问题,已成为广西蔗糖业可持续发展的关键。

　　为加快推进糖料蔗节水灌溉工作,广西水利厅从2012年起,组织实施了"广西糖料蔗高效节水灌溉技术及用水定额研究"项目,在江州、来宾、武宣等9个县(市、区)开展了大规模的实地试验研究,目的是找出糖料蔗在各生育期的需水规律、需水量和灌水时间、灌水次数和灌水量以及与农艺配套的灌水方法。我们编写这本《糖料蔗节水灌溉技术推广应用手册》,目的是为全区糖料蔗科学灌溉用水定额制定以及高效节水规模化发展提供科学依据,以供从事节水灌溉工作的同志参考使用。希望大家共同努力,为广西节水灌溉事业的发展做出贡献。同时,由于我们的水平有限,书中难免存在不足之处,恳望广大读者批评指正。

编　者
2015 年 7 月

目　录

第1章　糖料蔗在国民经济中的重要意义及发展目标

1.1　糖料蔗在国民经济中的意义

　　蔗糖属于天然食品,是人类生命活动所需热能的来源之一,是人类生活必需的食品,对于维持人体健康至关重要。食糖也是关系国计民生的重要战略物资,甘蔗已成为一种重要的能源原料,随着科学技术的不断发展,作为重要经济作物之一的甘蔗具有很大的发展潜力。

　　糖料蔗在分类学上属于植物界被子植物门单子叶植物纲禾本目禾本科糖料蔗属。关于糖料蔗的起源有3种说法:一是起源于印度(骆君骕,1992),二是起源于南太平洋新几内亚(Brandes et al.,1936),三是起源于中国(周可涌,1984)。可见,我国是世界上古老的植蔗国之一。根据各方面的分析研究,我国华南、西南南部一带是糖料蔗的原产地之一。

　　甘蔗是广西主要的经济作物之一,是多年生的旱地作物,广西大多采用一年种植一次,春植蔗后连续2~3年种植宿根蔗。蔗糖产业已成为广西名副其实的优势主导产业。广西蔗糖产业的发展,牵涉到全区60多个县域、1 200多万蔗农、30多户制糖企业、100多家糖厂和近10万职工的切身利益;它不仅为国家提供了大量的食糖和工业用糖,还为蔗农、制糖企业、政府提供了大量的收入来源和就业岗位,是广西地区脱贫致富的重要支柱产业。

1.2 国内外发展糖料蔗节水灌溉的状况

1.2.1 国外发展现状

目前,全世界有107个国家和地区种植糖料蔗,种植面积大约30 000万亩,年产糖1.20亿t,占糖业总产量的78%。其中种植面积最大的国家是巴西,年种植面积7 300多万亩,约占世界总种植面积的25%;其次是印度,植蔗面积6 000多万亩,约占20%;中国位居第三,植蔗面积3 000多万亩,约占7%;植蔗面积较大的国家还有美国、古巴、泰国、墨西哥、澳大利亚、印度尼西亚、南非等。

水资源缺乏是当今人类社会共同关注和面临的问题。目前世界上通称的节水灌溉主要包括两个含义:一是根据作物生长发育的需要,适时适量供水进行灌溉;二是把灌溉水的损失降低到最低限度,提高水的利用率。目前采用的节水灌溉方法有喷灌、滴灌、微喷及渗灌等。当今先进高效节水灌溉技术以以色列和美国两个国家为典型。

以色列是一个水资源匮乏和耕地干旱贫瘠的国家,在极其不利的自然条件下,将本国干旱制约依存型的原始农业发展成为当今世界上独具特色的高质、高效现代农业,在滴灌和微灌灌溉技术方面处于世界领先水平。以色列的灌溉遵循利用一切可利用的水资源及污水净化重复利用的原则,通过建立国家水资源管理机构,集规划、建设、管理、服务于一身,从水资源的科研、开发、处理、利用到水质的控制、保护,贯穿于水资源生产、使用的全过程,集城建、水利、气象、科研等行业于一体,创建整套高科技的节水灌溉系统,从水源到供水基本上是全程管道输水,再通过喷(雾)灌、滴灌(也是管道)送到田间,消除了输水过程中的渗漏和蒸发损失,现已基本实现滴灌化,而且全部通过计算机来控制。

美国作为当今最发达的现代化国家,东湿西旱是其水源分布的一大特征,美国农业灌溉的主要特点为:宏观管理上有序可控;微观具体灌溉管理上实现不同程度的自动化;以灌溉排水为主,综合治理盐碱化;为排水再利用建造蒸发池。美国制定实施严格的用水政策,推广节水的喷灌、滴灌技术,重视采用先进的灌溉技术和管理手段发展农业。

高效节水灌溉是农用水灌溉领域发展的大趋势,各国都加大政府的投入和协调管理力度,重视以市场为导向,同时充分发挥用水户的主观能动性,促进高效节水灌溉技术在农业领域的运用,提高农业效益,实现农业的可持续发展。

1.2.2　国内发展现状

我国作为重要的食糖生产国和消费国,糖料蔗种植在农业经济中占有重要地位。我国的蔗糖产区主要分布在广东、台湾、广西、福建、四川、云南、江西、贵州、湖南、浙江、湖北、海南等南方12个省、自治区。从20世纪30年代起,广东及沿海蔗糖业逐步发展;到了40年代以后取代四川发展为我国新的产糖区,广东成为我国的食糖中心;80年代中期我国实行改革开放后,整个蔗糖产业结构大规模调整,我国的蔗糖产区迅速向广西、云南等西部地区转移。目前广西作为全国最大的蔗糖基地,糖料蔗种植面积已达到1 600万亩左右,占全区总耕地面积的1/4,其糖料蔗种植面积、糖料蔗生产量、机制蔗糖生产量均占全国总量的60%以上。

我国节水灌溉技术不断发展。在新中国成立初期,泾惠渠、渭惠渠和洛惠渠等老灌区就在优化地面灌溉技术要素方面做了许多有益的探索,取得了一些宝贵的经验。在20世纪60～70年代,江浙一带开始推广三合土和混凝土地下渠道。50年代,部分地区开始进行喷灌的研究和试点。70年代,喷灌技术受到普遍重视,相继召开了几次全国性的技术研讨和推广大会,水利部、中国科学院等组织广大科技人员在喷灌机具研制、田间对比试验、喷灌系统设计方法、区划等方面做了大量的科研工作。80年代,我国在喷灌方面已具备了一整套设备和技术,为喷灌的大面积推广创造了条件。同时从国外引进滴灌技术,我国科技人员吸收国外的先进经验,研制出了一整套适合我国使用的滴灌和微喷灌设备。由于塑料工业的发展,80 年代地下输水技术得到了发展,出现了低压管道输水灌溉技术。目前我国广大灌溉面积上采用的灌水方法仍以地面灌溉为主。据调查统计,目前全广西区糖料蔗种植面积中具有水利灌溉设施的仅有 98.50 万亩,灌溉率仅为 6%,其中主产区崇左市,现有糖料蔗种植面积399.18 万亩,具有水利灌溉设施的面积 22.69 万亩,灌溉率 5.68%;来宾市糖料蔗种植面积 220.88 万亩,具有水利灌溉设施的面积10.95 万亩,灌溉率 4.96%。广西的糖料蔗灌溉率比云南省的14.4%低得多,更无法和泰国、巴西、澳大利亚等国家糖料蔗种植区约 50%的有效灌溉率相比。

广西糖料蔗生产中面临着突出问题,由于广西区域地形条件限制,90%的糖料蔗种植于旱坡耕地上,水利灌溉条件缺乏,水利设施建设滞后,春、秋两季干旱对糖料蔗含糖量和产量造成巨大的影响。近年来,广西水利部门在推动糖料蔗高效节水灌溉规模化发展方面做了大量工作,实施了江州区、扶绥县、武宣县等一批以糖料蔗高效节水灌溉为主要推广技术形式的试点,取得了较好的效果,在平均亩产量 4 t 的基础上提高了 2~4 t,糖分含量提高到 14%左右,取得了显著的经济效益、社会效益和生态效益。

1.3　广西优质高产高糖糖料蔗基地建设的重点及发展目标

为保障国家食糖安全,解决广西糖料蔗生产因地形及季节性干旱造成的缺水问题,增加糖料蔗生产量、确保糖料蔗稳产高产和糖厂加工原料供应,推动广西蔗糖产业从传统粗放型经营方式向现代集约型经营方式转变,促进蔗糖产业可持续发展,广西壮族自治区人民政府于 2013 年 7 月 9 日出台了《关于促进我区糖业可持续发展的意见》,提出建设 500 万亩优质高产高糖糖料蔗基地建设的总体目标。

建设重点是解决广西糖料蔗生产单产低、人工成本高、机械化率低、品种繁育慢等问题;核心是建设"四化"配套工程,即经营规模化、种植良种化、全程机械化、水利现代化的糖料蔗基地。

经营规模化指将糖料蔗种植基地土地进行平整,"小块变大块",要求坡度小于 13°,单块地长 200 m,宽 25 m 以上,机耕道路满足机械作业要求。

种植良种化指种植品种是国家良种目录中的品种。种植方法要深松深耕,行距 1.2 m 以上,或宽 1.2 m,窄行 0.4~0.5 m 的宽窄行种植,方便机械化耕作和收割。

全程机械化指从种植、培土、施肥到砍收、加工全部采用机械化,大大降低生产成本。

水利现代化指所有甘蔗基地做到旱能灌、涝能排,灌溉管道到达田间地头。灌溉保证率达 85% 以上。

发展目标是糖料蔗单产达到 8 t/亩以上,蔗糖糖分含量达到 14% 以上,到 2017 年,将实现"双高"目标。力争经过 5~8 年努力,广西糖业综合竞争力和综合利用水平得到大幅的提高。崇左、来宾、南宁、柳州四大主产区糖业循环经济基本形成,建成全国最大的食糖网上交易平台,建立食糖储备机制,使广西糖业保障国家食糖供给的作用更加显著。

第2章　糖料蔗灌溉技术主要参数

2.1　糖料蔗需水量

糖料蔗从种苗发芽到分蘖、伸长、成熟整个生育过程都要消耗水分,由于全生长期长、植株高,叶面面积大,因此需水量多,每亩需水量达到900~1 400 mm。

糖料蔗需水量包括生理需水和生态需水两个方面。生理需水主要指满足糖料蔗生长发育所需的水量,由正常生理功能所消耗的水量和叶面蒸腾蒸发量两部分组成。生态需水包括棵间蒸发和深层渗漏两部分,生态需水与当地的气候、土壤、农业栽培及灌水方法密切相关,变化幅度较大。生理需水占总需水量的80%左右,其中99%以上消耗在叶面蒸腾,只有0.15%~0.2%消耗在光合作用,用来制造有机物质;生态需水仅占总需水量的20%左右。

由于广西南北气候变化幅度大,因此糖料蔗各生育阶段的需水量受当地气候影响相差也较大,具体见表2-1和表2-2。

表2-1　广西不同地区糖料蔗各生育期需水量参考表

分区	需水量(mm/d)				
	萌芽期	苗期	分蘖期	伸长期	成熟期
Ⅰ区	1.8	2.2	2.9	2.7~3.7	2.6
Ⅱ区	1.6	1.9	2.6	2.3~3.3	2.3
Ⅲ区	2	2.5	3.3	3.2~4.2	2.9
Ⅳ区	1.8	2.2	3.1	2.9~3.9	2.7

表 2-2　广西糖料蔗用水分区参考表

分区	所属市	所辖县(市、区)级行政区
I 区	百色市	右江区、田阳县、田东县、平果县、德保县、靖西县、那坡县、凌云县、乐业县、田林县、西林县、隆林县
	河池市	金城江区、南丹县、天峨县、凤山县、东兰县、罗城县、环江县、巴马县、都安县、大化县、宜州市
II 区	南宁市	兴宁区、青秀区、江南区、西乡塘区、良庆区、邕宁区、武鸣县、隆安县、马山县、上林县、宾阳县、横县
	贵港市	港北区、港南区、覃塘区、平南县、桂平市
	来宾市	兴宾区、忻城县、象州县、武宣县、金秀县、合山市
	崇左市	江州区、扶绥县、宁明县、龙州县、大新县、天等县、凭祥市
III 区	北海市	海城区、银海区、铁山港区、合浦县
	防城港市	港口区、防城区、上思县、东兴市
	钦州市	钦南区、钦北区、灵山县、浦北县
IV 区	柳州市	城中区、鱼峰区、柳南区、柳北区、柳城县、鹿寨县、融安县、融水县
	桂林市	永福县

图 2-1 为江州区需水量测坑试验区照片。

2.2　糖料蔗需水规律

糖料蔗生育期的需水规律表现为生长前期和后期需水量较小,中期需水量大。一般萌芽期的需水量占全期需水量的8%~18%,分蘖期占15%~21%,伸长期占54%~57%,成熟期占13%~19%。糖料蔗萌芽期植株细小,生理需水不多。随着植株的生长、分蘖,叶面面积不断增大,生理需水增多,尤其是进入伸长期,蔗地封行,棵间

图 2-1　江州区需水量测坑试验区照片

蒸发较少,以生理需水为主,此时是糖料蔗生长最旺盛的时期,需水强度达到糖料蔗需水最高峰。甘蔗进入成熟期后,生长活动减弱,需水量也逐渐减少。

　　甘蔗的需水系数大小,取决于单位面积产量的高低,不同产量其需水系数也不一样。亩产量高,其需水量也较多,但生产每千克蔗茎的需水量减少,其需水系数就小。单产越低,其需水系数就越大。

2.3　灌溉制度

2.3.1　糖料蔗节水灌溉制度的确定

　　灌溉制度是指在一定的气候、土壤和农业技术等条件下,为获得稳定的产量和品质而制定的灌溉定额、灌水量、灌水次数和灌水时间。它是糖料蔗区水利工程规划设计、用水管理的主要依据。

　　在确定糖料蔗灌溉制度时,需要收集、整理、分析有关基本资料,主要有气象、水文地质、土壤种类及土壤理化性质、糖料蔗允许的土壤含水量变化范围、有效降水量及地下水补给量等。

2.3.1.1　糖料蔗灌溉计划湿润层深度

　　计划湿润层深度是糖料蔗根系主要消耗水分的有效水层深度,

它是计算灌溉用水量的重要参数,随糖料蔗根系的生长、土壤耕作层深度及农业技术措施的变动而变动。糖料蔗根系密集层的深度是决定土壤计划湿润层深度的主要条件之一。据试验资料,在根系密集层内,土壤水分消耗约占土层总消耗量的80%,根系密集层以下约占20%,说明土壤水分消耗主要是在根系密集层内进行的。但在确定计划湿润层深度时,还应考虑糖料蔗的需水情况、土壤性质和土壤微生物活动情况。一般计划湿润层深度略大于糖料蔗根系密集层深度。在糖料蔗生长初期(指糖料蔗种植当年),根系虽然很浅,但还是需要在一定土层深度内有适当的含水量,一般土层深度为20～30 cm。随着糖料蔗的生长和根系的发育,需水量的增多,计划湿润层也应逐渐增加,到伸长后期,由于根系停止发育,需水量减小,计划湿润层深度一般为30～40 cm。糖料蔗不同生育期计划湿润层深度具体见表2-3。宿根蔗的计划湿润层深度应大于新植蔗,黏性土蔗田取值可适当加大。

表2-3　糖料蔗不同生育期计划湿润层深度表

糖料蔗生育期	萌芽期	苗期	分蘖期	伸长期	成熟期
计划湿润层深度（cm）	20～25	20～25	30～35	35～40	25～30

2.3.1.2　有效降水利用量估算方法和取值参考系数

降水对灌溉制度的实施影响较大。若降水充沛,可减少灌水次数及灌水量,反之,则需增加灌水次数及灌水量。但并不是所有降水都能被糖料蔗利用,降水量过大,一部分水因来不及渗入土中,变为地面径流被排走。另一部分水会渗入深层,变为地下水而流失。旱季降水量较少时,糖料蔗还没来得及吸收利用,便蒸发掉了。这些从地表、地下流失和蒸发掉的水,对糖料蔗的生理作用都是无效的。能被糖料蔗吸收利用的雨量,称为有效降水量。通常情况下,有效降水量等于降水前后土壤含水量的差值。决定有效降水量的因素很多,如降水历时、降水强度、降水汇流时间和间隔时间、糖料蔗生长情况、降水前土壤含水量、地面坡度和土壤结构等。因此,在设计灌溉制度时,通常采用下式进行计算,也可参考表 2-4 选取。

$$P_0 = \alpha P$$

式中　P——设计降水量或实际降水量,mm 或 $m^3/$亩;

　　　 P_0——有效降水量,mm 或 $m^3/$亩。

表 2-4　降水有效利用系数参考表

土壤类型	降水量(mm)	利用系数
黏土	<50	0.55
	50 ~ 80	0.5
	80 ~ 120	0.45
	>120	0.35
壤土	<50	0.6
	50 ~ 80	0.55
	80 ~ 120	0.5
	>120	0.4
砂土	<50	0.5
	50 ~ 80	0.45
	80 ~ 120	0.4
	>120	0.3

例题 2-1　已知某一糖料蔗地某次降水过程历时 2 天,第一天实际降水量为 50 mm,该糖料蔗地为壤土,依降水有效利用系数参考表查得有效利用系数 α 为 0.6,试求第一天降水该糖料蔗地的有效降水量。

解　已知:

$$\alpha = 0.6, P = 50 \text{ mm}$$

代入公式 $P_0 = \alpha P = 0.6 \times 50 = 30 (\text{mm})$。所以,第一天降雨该糖料蔗地的有效降水量为 30 mm。

2.3.1.3　糖料蔗不同灌溉方式适宜土壤含水率的确定

大量试验证明,土壤水分对糖料蔗的有效性是随着土壤湿度的降低而减少的,土壤含水量降到凋萎系数之前糖料蔗就在一定程度上受水分亏缺的抑制,生长受到损害。由于叶面蒸腾和棵间蒸发是连续不断的,而土壤含水量的补给是间断的、不规则的,即使在干旱时进行多次灌溉,也不可能使土壤计划湿润层保持在某一最适宜的含水量而不变(某些特殊的灌水方法除外),只能将土壤含水量控制在允许的范围之内。在这个范围内,糖料蔗对水分的需求与土壤水分基本达到平衡。这一水分范围称为适宜土壤水分范围。

适宜土壤水分下限即土壤允许最小含水量,对糖料蔗各生育期生长稍有影响,但供水状况仍较佳,基本可以满足糖料蔗耗水量需求。低于该值时,会使糖料蔗因供水不足而遭到较大减产。因此,适宜土壤水分下限应大于糖料蔗发生永久凋萎时的土壤含水量(凋萎系数)。土壤允许最小含水量一般为 $\beta_{min}=0.6\beta_{田}$,小于该值时土壤水分不易被作物吸收。广西灌溉试验站试验证明,糖料蔗的全生育期,在主要根系活动层内(10~40 cm)的土壤水分下限值应控制在15%(相当于田间持水量的60%)以上,低于该值时就应及时适量地灌水。至于灌水量的多少,对于干旱区的糖料蔗,可根据水量平衡原理确定,其上限以根系密集层(或计划湿润层)土壤水分补至田间持水量为宜。糖料蔗地土壤含水量降至 $0.5\beta_{田}$ 时,对糖料蔗的产量影响不太明显。但为使糖料蔗高产稳产,在水源比较充足的情况下应取 $\beta_{min}=0.6\beta_{田}$。

一次灌水量以计划湿润层土壤达到最大持水能力而不造成深层渗漏为准。干旱地区糖料蔗灌溉取田间最大持水量作为土壤水分上限是适宜的,即 $\beta_{max}=0.85\beta_{田}$。田间持水量因土壤质地和农业技术措施不同而有所不同,可直接从现场测得。

例题 2-2　已知桂中某一糖料蔗田的土壤含水率 $\beta_{田}$ 为32%,为使糖料蔗高产稳产,土壤含水量应处于什么范围?

解　已知:

$$\beta_{田}=32\%$$

代入公式:

$$\beta_{min} = 0.6\beta_{田} = 0.6 \times 32\% = 19.2\%$$
$$\beta_{max} = 0.85\beta_{田} = 0.85 \times 32\% = 27.2\%$$

因此,土壤含水量应处于 19.2% ~ 27.2%。

表 2-5 为糖料蔗田适宜土壤水分范围参考值(以占田间持水量的百分数表示)。

表 2-5 糖料蔗田适宜土壤水分范围参考值表

灌溉方式	土壤类型	适宜土壤水分(占田间持水量的百分数)(%)
沟灌	砂土	65 ~ 100
	壤土	60 ~ 100
	黏土	70 ~ 100
低压管灌	砂土	65 ~ 85
	壤土	60 ~ 85
	黏土	70 ~ 85
喷灌	砂土	60 ~ 80
	壤土	60 ~ 80
	黏土	65 ~ 85
微灌	砂土	60 ~ 80
	壤土	60 ~ 80
	黏土	65 ~ 85

从表 2-5 可以看出:各种土质的蔗田土壤水分指标是不同的,就是同一糖料蔗在不同地区和不同栽培条件下,蔗田土壤水分指标也会有差异。因此,在以蔗田土壤水分作为灌水指标时,可根据当地实际情况通过试验来确定。

2.3.2　确定灌水定额的方法

2.3.2.1　适宜土壤含水量计算方法

当土壤水分不能满足糖料蔗各个生育阶段的需水要求时,要进行灌水。灌水量的大小,应根据糖料蔗生长期的土壤计划湿润层深度、土壤含水量情况、土壤密度等确定。根据上述原理,最大灌水定额可采用下式进行计算:

$$m_a = 0.001 \gamma z p (\theta_1 - \theta_2)$$

式中　m_a——最大灌水定额,mm;

　　　z——土壤计划湿润层深度,cm;

　　　p——土壤湿润比(%);

　　　θ_1——适宜土壤含水量上限[质量百分比(%)];

　　　θ_2——适宜土壤含水量下限[质量百分比(%)];

　　　γ——土壤密度,g/cm^3。

例题 2-3　已知某一糖料蔗田的田间持水量为30%,土壤计划湿润层深度为0.4 m(因糖料蔗此时处于伸长期),湿润比为35%,土壤密度为1.2 g/cm^3,在某时段内蔗田土壤允许的最大含水率和最小含水率分别为85%和60%,采用滴灌的灌溉方式,在该时段内当土壤水分不能满足糖料蔗需水要求时,要进行灌水,试求灌水量的大小。

解　根据上述条件,已知:

计划湿润层内蔗田土壤密度 γ 为 1.2 g/cm^3;

某一时段内蔗田土壤计划湿润层深度 z 为 40 cm;

某一时段内蔗田土壤湿润比 p 为 35%;

土壤最大、最小含水率分别为85%和60%。

代入公式:

$$
\begin{aligned}
m_a &= 0.001 \gamma z p (\theta_1 - \theta_2) \\
&= 0.001 \times 1.2 \times 40 \times 35 \times (85\% - 60\%) \times 30 \\
&= 12.6(\text{mm}) = 8.4 \text{ m}^3/亩
\end{aligned}
$$

所以,在该时段内当土壤水分不能满足糖料蔗需水要求时,要进行灌水,灌水量的大小为 8.4 m³/亩。

2.3.2.2 水量平衡计算方法

水量平衡计算方法主要是根据土壤的水分变化情况来拟定灌溉制度。糖料蔗生育期内的灌溉定额可用水量平衡方程计算,即糖料蔗在整个生育期内应灌溉的水量,一般用下式计算:

$$M = E + (W_{\text{末}} - W_0) - W_T - P_0 - K$$

式中　E——糖料蔗田间需水量;

W_T——计划湿润层内的储水量;

$W_{\text{末}} - W_0$——糖料蔗播前土壤计划湿润层内储水量;

P_0——生育期内的有效降水量;

K——生育期内地下水的补给量。

若某时段没有降水和地下水的补给,灌水时间可采用下式确定:

$$T = M/E$$

式中　T——时间,d;

M——时段初蔗田土壤允许的最小含水量,m³/亩或 mm;

E——该时段糖料蔗的平均耗水强度,m³/(亩·d)或 mm/d。

例题 2-4　已知崇左市某一山坡糖料蔗地的糖料蔗正处于伸长期,7 天前进行灌溉,其间无降水,此时土壤相对含水率为 60%,请计算灌溉水量。

解　根据上述条件,已知伸长期糖料蔗平均每天需水量 E 为 3.7 mm/d,$P_0 = 0$,生育期内地下水的补给量 $K = 0$,代入公式得:

$$M = 3.7 \times 7 = 25.9(\text{mm}) = 17.28 \text{ m}^3/\text{亩}$$

在设计灌溉系统和编制用水计划时,往往需要用图解分析法和列表计算法,逐时段地进行水量平衡分析,以便求出糖料蔗各生育阶段内的灌水定额和灌水日期。

2.3.2.3 根据灌溉试验资料确定

近年来,我国许多地区进行了糖料蔗灌溉试验,其中,广西部分地区已有十几年的灌溉试验资料。这些灌溉试验资料主要包括糖料蔗的需水规律及需水量、灌水技术及适宜土壤水分等。这些资料均是制定灌溉制度的主要依据。

依据灌溉试验资料制定灌溉制度,就是在总结糖料蔗灌水经验的基础上,结合当地水文气象、土壤、农业技术措施和糖料蔗需水规律等条件,设计几种不同的灌溉制度,进行观察对比,最后根据生长发育情况和产量,确定最优方案,提出较为合理的科学用水制度;或以糖料蔗各生育阶段对水分的最适要求为依据,拟定几种不同的土壤含水量变化幅度,探求出糖料蔗高产的适宜土壤含水量变化范围,再对试验资料进行统计分析,最终确定糖料蔗的灌溉制度。

2.4　各生育期不同灌溉方式、不同灌水定额的确定

2.4.1　苗期的灌水定额

糖料蔗收割后留下的根茎越冬时需要保护,当条件(主要是气温和土壤湿度)适宜时,植株基部或地下根茎萌发再生新苗,进行第二年生长发育,此时称为苗期;苗期土壤含水率一般以60%～70%为宜。

灌溉应有利于糖料蔗根系与茎芽生长和土壤微生物活动,对未进行冬灌或冬灌时间较早的蔗田,由于冬季失墒较多,土壤含水率在60%以下,或糖料蔗群体弱小,糖料蔗的生长发育就会受到水分不足的制约,应及时灌溉。

根据广西灌溉试验站的试验资料,苗期适宜土壤含水率随糖料蔗品种不同而不同,一般低于50%就应及时灌水。苗期的灌水定额具体见表2-6。

表 2-6　苗期的灌水定额参考表

灌溉方式	水文年	灌溉次数	灌溉定额 （m³/亩）	灌水定额 （m³/亩）
滴灌	湿润年	2	10	5
	中等年	3	15	5
	干旱年	4	20	5
微喷	湿润年	2	22	11
	中等年	3	33	11
	干旱年	4	44	11
喷灌	湿润年	2	26	13
	中等年	3	39	13
	干旱年	4	52	13
淋灌	湿润年	2	14	7
	中等年	3	21	7
	干旱年	4	28	7
沟灌	湿润年	2	48	24
	中等年	3	72	24
	干旱年	4	96	24

2.4.2　分蘖期的灌水定额

　　糖料蔗经过苗期阶段后,便从主茎基部或茎身产生新的侧芽,产生侧芽的时期称为分蘖期。糖料蔗在分蘖期,环境条件的好坏,直接影响分蘖率。因此,在分蘖期要求土壤有足够的水分。分蘖期的灌水定额具体见表 2-7。

表 2-7　分蘖期的灌水定额参考表

灌溉方式	水文年	灌溉次数	灌溉定额 （m³/亩）	灌水定额 （m³/亩）
滴灌	湿润年	1	7	7
	中等年	1	7	7
	干旱年	2	14	7
微喷	湿润年	1	16	16
	中等年	1	16	16
	干旱年	2	32	16
喷灌	湿润年	1	18	18
	中等年	1	18	18
	干旱年	2	36	18
淋灌	湿润年	1	12	12
	中等年	1	12	12
	干旱年	2	24	12
沟灌	湿润年	1	33	33
	中等年	1	33	33
	干旱年	2	66	33

2.4.3　伸长期的灌水定额

　　糖料蔗伸长期,是糖料蔗营养生长最旺盛的时期,植株群体迅速扩大,对外界环境条件反应非常敏感。该阶段水分和养分的消耗都较多,是糖料蔗需水的高峰期,平均需水强度为 $3 \sim 6 \ \text{m}^3/(\text{亩} \cdot \text{d})$。因此,灌好拔节水对糖料蔗生产很关键。伸长期的灌水定额具体见表 2-8。

表 2-8　伸长期的灌水定额参考表

灌溉方式	水文年	灌溉次数	灌溉定额（m³/亩）	灌水定额（m³/亩）
滴灌	湿润年	2	16	8
	中等年	3	24	8
	干旱年	5	40	8
微喷	湿润年	2	38	19
	中等年	3	57	19
	干旱年	5	95	19
喷灌	湿润年	2	40	20
	中等年	3	60	20
	干旱年	5	100	20
淋灌	湿润年	2	28	14
	中等年	3	42	14
	干旱年	5	70	14
沟灌	湿润年	2	76	38
	中等年	3	114	38
	干旱年	5	190	38

2.4.4　成熟期的灌水定额

　　糖料蔗的成熟期,即多数糖料蔗处于成熟和茎叶衰老阶段。该阶段糖料蔗的营养积累趋于停止,转入营养运移、储存时期。此期的灌水量不能太大,在砍收前 20 天应停止灌水。成熟期的灌水定额具体见表 2-9。

表 2-9　成熟期的灌水定额参考表

灌溉方式	水文年	灌溉次数	灌溉定额 （m³/亩）	灌水定额 （m³/亩）
滴灌	湿润年	1	6	6
	中等年	2	12	6
	干旱年	2	12	6
微喷	湿润年	1	14	14
	中等年	2	28	14
	干旱年	2	28	14
喷灌	湿润年	1	15	15
	中等年	2	30	15
	干旱年	2	30	15
淋灌	湿润年	1	10	10
	中等年	2	20	10
	干旱年	2	20	10
沟灌	湿润年	1	28	28
	中等年	2	56	28
	干旱年	2	56	28

2.5　关键灌水期的灌水定额

　　糖料蔗在整个生育期中,有两个关键灌水期,即需水临界期和最大效率期。萌芽期和伸长期水量不够,会分别造成苗数不够和节间短小,影响产量。

　　需水临界期是指当水分显著缺乏或过多时对糖料蔗的生长发育影响最大的时期。糖料蔗的需水临界期通常是在生长初期。糖料蔗生长初期虽然需水不多,但很敏感,水量不够会直接影响出苗率,造成苗数不够而导致减产。因此,在需水临界期灌溉适量的水,其增产效果是极其显著的。

最大效率期是指糖料蔗在生育期中灌溉适量的水后,产生最大效果的时期,即单位水量的增产量最大。伸长期是需要水分最多的时期。在这个时期及时满足糖料蔗对水分的需要,增产效益非常显著。

糖料蔗的关键灌水期,需要通过试验来确定。生产中,当灌溉水源比较紧缺时,应首先满足糖料蔗关键灌水期的需水,这是提高灌溉水效益、获得较高产量的关键。关键灌水期的灌水定额具体见表2-10。

表 2-10　关键灌水期灌水定额参考表

水文年	灌溉时期	土壤计划湿润层深度 z (cm)	湿润比 p (%)	适宜土壤含水量上限 θ_1 (%)	适宜土壤含水量下限 θ_2 (%)	灌溉周期 T(d)	灌溉次数	最大净灌水定额 (m³/亩)
中等年 (P=50%)	萌芽期	25	35	85	65	4	2	5
	伸长期	40	35	85	65	7	3	8

2.6　冬灌和春灌的灌溉制度

2.6.1　冬灌

在我国南方干旱地区,冬灌是抗寒、保墒,并使糖料蔗安全越冬的一项重要农技措施。无论是新植蔗还是宿根蔗,砍收以后适当地进行灌溉,对提高发芽率有很大作用。尤其是推广甘蔗生产全程机械化后,机械砍收碾压蔗蔸,对甘蔗的宿根性影响很大,使出苗率和分蘖率明显下降,严重阻碍了机械化的推广。据广西灌溉试验中心站资料,冬灌能提高甘蔗出苗率20%~30%,提早出苗10~15天。

冬灌的最好时间是在夜冻昼消之时。在广西多数地区一般为11月至次年2月,此时,日平均气温在6~20℃。若温度太低,反而会引起冻害。冬灌也不宜过早,过早会使蔗田土壤水分大量蒸发,起不到作用。不同地区水文气象条件不同,入冬时间不一,应根据具体情况进行蔗田冬灌。当 5~20 cm 土层中土壤含水率小于 70% 时应进行冬灌,蔗田冬灌水量应根据土壤含水情况确定,一般为 10~20 m³/亩。广西冬灌制度具体见表 2-11。

2.6.2　春灌

我国南方地区经常受到春旱的威胁,"春雨贵如油",即说明春天雨水稀少而可贵。在没有进行冬灌,或虽经过冬灌但冬春雨水较少,土壤墒情满足不了宿根蔗发芽、出苗所需水分的情况下,为了使糖料蔗能够达到苗全、苗壮,应进行春灌。据广西灌溉试验中心站和南宁市灌溉试验站资料,春灌的甘蔗比没有春灌的在出苗率和分蘖率上都能提高 20%~30%,而且苗壮、整齐,为甘蔗高产打下了坚实基础。

蔗田的春灌水量不宜过多(特别是黏壤土),因保墒时间长,易导致上干下黏,或形成大泥块,不利于苗齐苗壮。广西春灌制度具体见表 2-11。

表 2-11　广西冬、春灌溉制度参考表

灌溉时节	水文年	灌溉时期	土壤计划湿润层深度 z(cm)	湿润比 p(%)	灌水上限 θ_1(%)	灌水下限 θ_2(%)	最大净灌溉定额(m³/亩)	轮灌周期 T(d)	灌溉次数	最大净灌水定额(m³/亩)
冬灌	湿润年(P=25%)	12月至次年3月	20	35	75	55	20	20	2	10
	中等年(P=50%)	12月至次年3月	20	35	75	55	30	20	2	15
	干旱年(P=85%)	12月至次年3月	20	35	75	55	60	20	3	20

续表 2-11

灌溉时节	水文年	灌溉时期	土壤计划湿润层深度 z(cm)	湿润比 p(%)	灌水上限 θ_1(%)	灌水下限 θ_2(%)	最大净灌溉定额(m³/亩)	轮灌周期 T(d)	灌溉次数	最大净灌水定额(m³/亩)
春灌	湿润年(P=25%)	2~3月	20	35	75	55	10	20	1	10
	中等年(P=50%)	2~3月	20	35	75	55	30	20	2	15
	干旱年(P=85%)	2~3月	20	35	75	55	45	15	3	15

2.7　水肥一体化灌溉技术

水肥一体化灌溉技术是将灌溉与施肥融为一体、实现水肥同步控制的农业新技术。水肥一体化是借助压力系统(或地形自然落差),将可溶性固体或液体肥料按土壤养分含量和作物种类的需肥规律及特点配兑成的肥液与灌溉水一起,通过可控管道系统供水、供肥,使水肥相融后,通过管道和滴头形成滴灌,均匀、定时、定量地浸润作物根系发育生长区域,使主要根系土壤始终保持疏松和适宜的含水量,同时根据不同作物的需肥特点,土壤环境和养分含量状况,不同生长期需水、需肥规律情况,进行不同生育期的需求设计,把水分和养分定时、定量、按比例直接提供给作物。

水肥一体化是当前双高糖料蔗高效节水灌溉的最佳灌溉技术,它通过一整套灌溉系统将水肥有效地输入到甘蔗根部,让甘蔗能第一时间吸收到养分。经过广西灌溉试验中心站、南宁市灌溉试验站等单位多年的试验研究结果证实,应用水肥一体化灌溉甘蔗,亩产量都能达8 t以上,蔗糖糖分含量都能达14%以上。

糖料蔗优质高产高糖生产是在准确的灌溉定额基础上进行的,

有准确的灌溉定额作保障,一方面能有效利用水资源,另一方面能最大限度地提高甘蔗产量和蔗糖糖分。多年的试验表明,滴灌灌溉定额以 250 m³/亩为最佳,但广西甘蔗生产区东、南、中、西不同区域有一定差别。

2.7.1 水肥一体化灌溉技术的特点

(1)提高水的利用率。水肥一体化灌溉技术可减少水分的下渗和蒸发,减少无效的田间水量损失,提高水分利用率。滴灌水的利用率可达95%,一般比地面浇灌省水 30% ~50%。

(2)节省肥料。适时适量地将水和营养成分直接送到根部,减少了肥料挥发和流失,以及养分过剩造成的损失,提高了肥料利用率。在作物产量相近或相同的情况下,水肥一体化灌溉与传统灌溉施肥相比节省化肥 40% ~50%。

(3)节省劳力。传统灌溉施肥方法每次施肥要挖穴开沟,施肥后再灌水。水肥一体化灌溉是通过管网供水,操作方便,而且便于自动控制,因而可节省劳力。

(4)增加产量,改善品质。水肥一体化灌溉技术可促进作物产量的提高和产品质量的改善。

(5)改善生态环境。调节作物间小气候,增强土壤微生物活性,促进作物对养分的吸收,有利于改善土壤物理性质,减少土壤养分淋失,减轻病虫害,减少防治病虫害农药的投入,减少地下水的污染。

2.7.2 水肥一体化施肥技术

根据广西灌溉试验站长期试验成果,以"测土配方,少量多次,养分平衡"为原则,给出糖料蔗各生育期每亩施肥量。该施肥方案不包括土层施肥。水肥一体化施肥方案具体见表 2-12,可根据当地实际情况进行适当调整。

表 2-12　广西糖料蔗水肥一体化施肥方案参考表

施肥方式	施肥时期	施肥次数	尿素（kg）	磷酸一铵（kg）	氯化钾（kg）	硫酸镁（kg）	微量元素（kg）
微灌（滴灌、微喷灌、小管出流）	苗期	1	4	1	2	1	0.1
	分蘖期	1	10	3	10	3	0.2
	伸长期	3	16	3	16	5	0.2
	成熟期	1		1	2	1	
	全期	6	30	8	30	10	0.5
喷灌	苗期	2	4	1	4	1	0.1
	分蘖期	1	12	4	12	4	0.2
	伸长期	4	19	4	18	6	0.3
	成熟期	1		1	2	1	
	全期	8	35	10	36	12	0.6
低压管输水田间淋灌	苗期	2	4	1	4	1	0.1
	分蘖期	1	11	3	11	3	0.2
	伸长期	3	19	4	18	6	0.3
	成熟期	1		1	2	1	
	全期	7	34	9	35	11	0.6

注:微量元素是指螯合态复合水溶微量元素,包含硼、钼、铁、锰、铜、锌等。

第 3 章　糖料蔗高效节水灌溉技术

节水灌溉是指除土渠输水和地表漫灌外所有输水、灌水方式及技术的统称。按灌溉形式分为微灌、喷灌和管灌三大类。它包括以防渗渠道和管道输水为主的干渠输水体系和以喷灌、滴灌、微喷等技术为核心的田间灌溉体系。在广西糖料蔗区目前主要使用地表滴灌、固定管道式喷灌和软管浇灌。

3.1　微灌

微灌是利用专门设备,将有压水流变成细小水流或水滴,湿润植物根区土壤的灌水方法。主要包括滴灌、微喷灌、涌泉灌和渗灌等灌溉形式。

3.1.1　微灌的主要特点

3.1.1.1　滴灌

滴灌又可分为地表式滴灌和地埋式滴灌两种。它是一种局部灌溉方式,是将输水管内的有压水流通过消能滴头,将灌溉水以水滴的形式一滴一滴地灌入蔗田土壤中。地表式滴灌主要有以下特点:

(1)水的有效利用率高。灌溉水湿润部分为土壤表面,可有效减少土壤水分的无效蒸发;同时,滴灌仅湿润甘蔗根部附近土壤,其他区域土壤水分含量较低,可防止杂草生长。滴灌系统不产生地面径流,且易掌握精确的灌水量。

(2)改善田间小气候。滴灌灌水后,蔗田土壤根系通透条件良好,通过注入水中的肥料,可以为糖料蔗提供足够的水分和养分,使蔗田土壤水分能满足糖料蔗供水需求,灌水区域地面蒸发量小,可以有效控制蔗田土壤湿度和病虫害的发生频率。

(3)提高糖料蔗产量和品质。滴灌能够适时适量供水和供肥,不但能够提高糖料蔗的产量,还可以提高糖料蔗的品质,直接带来经济效益的提升。比传统的漫灌方式产量提高 2~4 t,蔗糖糖分含量提高 1%~2%。

(4)滴灌对蔗田地形和土壤的适应能力较强。滴头能够在较大的工作压力范围内工作,且滴头的出流均匀,因此滴灌适应地形起伏和土壤变化能力强;同时,滴灌还可以减少中耕除草,也不会造成蔗田地表土壤表面的板结。

(5)省水、省工,增产增收。对糖料蔗进行灌溉时,水不在空中运动,不打湿叶面,也没有有效湿润面积以外的蔗田土壤表面蒸发,直接损耗于蒸发的水量最少;且容易控制水量,不致产生地表径流和土壤深层渗漏,比喷灌省水 35%~75%,能促进糖料蔗对水肥的有效吸收,降低投入,增产增收。

(6)由于滴灌是缓慢给水,灌水流量小,管内水的工作压力和摩擦损失都小,这就为达到低能耗、高均匀度(指滴头滴水均匀度)提供了物质条件。但滴头易堵塞,对水质要求严格,必须安装过滤器。

(7)缺点:滴头的堵塞问题长期以来一直难以得到有效解决。

图 3-1 为柳江县糖料蔗试验区滴灌照片。

图 3-2 为江州区糖料蔗试验区滴灌铺设安装照片。

3.1.1.2 微喷灌

微喷灌是一种局部灌溉方式,是介于滴灌与喷灌之间的一种灌溉形式。微喷灌是通过管道系统将有压水送到糖料蔗的根部附近,用微喷头或微喷带将灌溉水喷洒在土壤表面进行灌溉的一种新型灌水方法。

其优缺点基本与滴灌相同,主要特点是:灌水流量小,一次灌水延续时间长,周期短,需要的工作压力较低,能够较精确地控制灌水量,灌水均匀度高,抗堵塞性能优于滴灌,而耗能又比喷灌低。同时,还可用于降温、防尘、防霜冻、调节田间小气候,适合糖料蔗的田间套

图 3-1　柳江县糖料蔗试验区滴灌照片

图 3-2　江州区糖料蔗试验区滴灌铺设安装照片

种、水肥一体化的实施等。微喷灌有利于增产,能提高糖料蔗产品质量。

图 3-3 为糖料蔗微喷灌(微喷带)照片。

图 3-3　糖料蔗微喷灌(微喷带)照片

3.1.1.3　涌泉灌

涌泉灌也称为小管出流灌溉,是一种局部灌溉方式。涌泉灌是利用水泵加压或地面的自然坡降产生的压力水,通过管道系统与末级配水管上的灌水器(塑料小管),将水呈射流状输送到作物附近的环沟内或顺行格沟内的灌水方法。涌泉灌主要适用于建后种植作物单一或有间种其他农作物、有专人管理、对水源水质要求不高的蔗区,并适宜土壤质地为砂性土、透水性大等保墒能力较差的土壤和蒸发强度较大的蔗区。目前广西蔗区涌泉灌使用比较少,仅在试验区中有少量使用。

图 3-4、图 3-5 为江州区糖料蔗试验区小管出流灌溉照片。

3.1.2　微灌系统的组成

微灌系统利用专门设备,将有压水流变成细小水流或水滴,湿润植物根区土壤,这里主要介绍滴灌系统,其他微灌方法可以参照

图3-4　江州区糖料蔗试验区小管出流灌溉照片(1)

图3-5　江州区糖料蔗试验区小管出流灌溉照片(2)

应用。

　　滴灌是利用安装在末级管道(毛管)上的滴头,或与毛管制成一体的微灌带将压力水以滴状湿润土壤,当灌水器流量较大时,形成连续细小水流湿润土壤。通常将毛管和灌水器放在地面,也可以把毛管和灌水器埋入地下30～40 cm。前者称为地表微灌,后者称为地下微灌。灌水器的流量一般为 1.2～12 L/h。

微喷灌是利用安装在毛管上,或与毛管连接的微喷头将压力水以喷洒方式湿润土壤,微喷头的流量通常为 20～250 L/h。

图3-6为滴灌系统组成示意图。

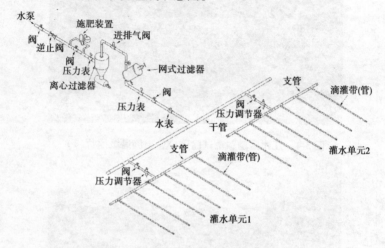

图3-6　滴灌系统组成示意图

微灌系统由水源、首部枢纽、输配水管网和滴水器等四部分组成。

3.1.2.1　水源

河流、渠道、塘库、泉井、湖泊都可以作为微灌水源,但必须在灌溉季节能按时、按质、按量供水。

3.1.2.2　首部枢纽

(1)动力及加压设备包括水泵、电动机或柴油机及其他动力机械,除自压系统外,这些设备是微灌系统的动力和流量源。

(2)水质净化设备或设施有沉沙(淀)池、初级拦污栅、旋流分沙分流器、筛网过滤器和介质过滤器等。可根据水源水质条件,选用一种组合。筛网过滤器的主要作用是滤除灌溉水中的悬浮物质,以保证整个系统特别是滴水器不被堵塞。筛网多用尼龙或耐腐蚀的金属

丝制成,网孔的规格取决于需滤出污物颗粒的大小,一般要清除直径
75 μm(0.075 mm)以上的泥沙,需用 200 目的筛网。砂砾料过滤器
是用洗净、分选的砂砾石和砂料,按一定的顺序填进金属圆筒内制成
的,对于各种有机污物、悬浮的藻类都有较好的过滤效果。旋流分沙
分流器是靠离心力把密度大于水的沙粒从水中分离出来,但不能清
除有机物质。

　　(3)化肥及农药注入装置和容器包括压差式施肥器、文丘里注
入器、隔膜式或活塞式注入泵、化肥或农药溶液储存罐等。它必须安
装于过滤器前面,以防未溶解的化肥颗粒堵塞滴水器。化肥的注入
方式有三种:第一种是用小水泵将肥液压入干管;第二种是利用干管
上的流量调节阀所造成的压差,使肥液注入干管;第三种是射流注
入。

　　(4)控制、量测设备包括水表、压力表和真空表,各种手动、机械
操作或电动操作的闸阀,如水力自动控制阀、流量调节器等。

　　(5)安全保护设备如减压阀、进排气阀、逆止阀、泄排水阀、压力
补偿器等。

3.1.2.3　输配水管网

　　输配水管网将首部枢纽处理过的水按照要求输送分配到每个灌
水单元和灌水器,输配水管网包括干、支管和毛管三级管道。

3.1.2.4　**滴水器**

　　滴水器将灌溉水流在一定的工作压力下注入土壤,它是微灌系
统的核心。水通过滴水器,以一个恒定的低流量滴出或渗出后,在土
壤中以非饱和流的形式在滴头下向四周扩散。目前,微灌工程实际
中应用的滴水器主要有滴头和微灌带两大类。

3.1.3　微灌条件下糖料蔗的灌溉制度

　　微灌条件下糖料蔗的灌溉制度具体见表 3-1。

表 3-1　微灌条件下(滴灌、小管出流)糖料蔗灌溉制度参考表

分区	水文年	灌溉时期	土壤计划湿润层深度 z(cm)	湿润比 p(%)	灌水上限 θ₁(%)	灌水下限 θ₂(%)	最大净灌溉定额(m³/亩)	轮灌周期 T(d)	灌溉次数	最大净灌水定额(m³/亩)
I 区	湿润年(P=25%)	萌芽期	25	35	85	65		4	1	6
		苗期	25	35	85	65		5	1	6
		分蘗期	35	35	85	65	45	5	1	8
		伸长期	40	35	85	65		7	2	9
		成熟期	30	35	85	65		7	1	7
	中等年(P=50%)	萌芽期	25	35	85	65		4	2	6
		苗期	25	35	85	65		5	1	6
		分蘗期	35	35	85	65	67	5	1	8
		伸长期	40	35	85	65		7	3	9
		成熟期	30	35	85	65		7	2	7
	干旱年(P=85%)	萌芽期	25	35	85	65		4	2	6
		苗期	25	35	85	65		5	2	6
		分蘗期	35	35	85	65	99	5	2	8
		伸长期	40	35	85	65		7	5	9
		成熟期	30	35	85	65		7	2	7
II 区	湿润年(P=25%)	萌芽期	25	35	85	65		4	1	5
		苗期	25	35	85	65		5	1	5
		分蘗期	35	35	85	65	39	5	1	5
		伸长期	40	35	85	65		7	2	8
		成熟期	30	35	85	65		7	1	6
	中等年(P=50%)	萌芽期	25	35	85	65		4	2	4
		苗期	25	35	85	65		5	1	5
		分蘗期	35	35	85	65	58	5	1	5
		伸长期	40	35	85	65		7	3	8
		成熟期	30	35	85	65		7	2	8
	干旱年(P=85%)	萌芽期	25	35	85	65		4	2	4
		苗期	25	35	85	65		5	2	5
		分蘗期	35	35	85	65	84	5	2	5
		伸长期	40	35	85	65		7	5	8
		成熟期	30	35	85	65		7	2	8

续表 3-1

分区	水文年	灌溉时期	土壤计划湿润层深度 z(cm)	湿润比 p(%)	灌水上限 θ_1(%)	灌水下限 θ_2(%)	最大净灌溉定额 (m³/亩)	轮灌周期 T(d)	灌溉次数	最大净灌水定额 (m³/亩)
Ⅲ区	湿润年 ($P=25\%$)	萌芽期	25	35	85	65	51	4	1	7
		苗期	25	35	85	65		5	1	7
		分蘖期	35	35	85	65		5	1	9
		伸长期	40	35	85	65		7	2	10
		成熟期	30	35	85	65		7	1	8
	中等年 ($P=50\%$)	萌芽期	25	35	85	65	76	4	2	7
		苗期	25	35	85	65		5	1	7
		分蘖期	35	35	85	65		5	1	9
		伸长期	40	35	85	65		7	3	10
		成熟期	30	35	85	65		7	2	8
	干旱年 ($P=85\%$)	萌芽期	25	35	85	65	112	4	2	7
		苗期	25	35	85	65		5	2	7
		分蘖期	35	35	85	65		5	2	9
		伸长期	40	35	85	65		7	5	10
		成熟期	30	35	85	65		7	2	8
Ⅳ区	湿润年 ($P=25\%$)	萌芽期	25	35	85	65	43	4	1	5
		苗期	25	35	85	65		5	1	5
		分蘖期	35	35	85	65		5	1	8
		伸长期	40	35	85	65		7	2	9
		成熟期	30	35	85	65		7	1	7
	中等年 ($P=50\%$)	萌芽期	25	35	85	65	64	4	2	5
		苗期	25	35	85	65		5	1	5
		分蘖期	35	35	85	65		5	1	8
		伸长期	40	35	85	65		7	3	9
		成熟期	30	35	85	65		7	2	7
	干旱年 ($P=85\%$)	萌芽期	25	35	85	65	95	4	2	5
		苗期	25	35	85	65		5	2	5
		分蘖期	35	35	85	65		5	2	8
		伸长期	40	35	85	65		7	5	9
		成熟期	30	35	85	65		7	2	7

续表 3-1

分区	水文年	灌溉时期	土壤计划湿润层深度 z(cm)	湿润比 p(%)	灌水上限 θ_1(%)	灌水下限 θ_2(%)	最大净灌溉定额(m³/亩)	轮灌周期 T(d)	灌溉次数	最大净灌水定额(m³/亩)
I 区	湿润年（P=25%）	萌芽期	25	85	85	65		4	1	13
		苗期	25	85	85	65		5	1	13
		分蘖期	35	85	85	65	102	5	1	18
		伸长期	40	85	85	65		7	2	21
		成熟期	30	85	85	65		7	1	16
	中等年（P=50%）	萌芽期	25	85	85	65		4	2	13
		苗期	25	85	85	65		5	1	13
		分蘖期	35	85	85	65	152	5	1	18
		伸长期	40	85	85	65		7	3	21
		成熟期	30	85	85	65		7	2	16
	干旱年（P=85%）	萌芽期	25	85	85	65		4	2	13
		苗期	25	85	85	65		5	2	13
		分蘖期	35	85	85	65	165	5	2	18
		伸长期	40	85	85	65		7	5	9
		成熟期	30	85	85	65		7	2	16
II 区	湿润年（P=25%）	萌芽期	25	85	85	65		4	1	11
		苗期	25	85	85	65		5	1	11
		分蘖期	35	85	85	65	88	5	1	16
		伸长期	40	85	85	65		7	2	18
		成熟期	30	85	85	65		7	1	14
	中等年（P=50%）	萌芽期	25	85	85	65		4	2	11
		苗期	25	85	85	65		5	1	11
		分蘖期	35	85	85	65	131	5	1	16
		伸长期	40	85	85	65		7	3	18
		成熟期	30	85	85	65		7	2	14
	干旱年（P=85%）	萌芽期	25	85	85	65		4	2	11
		苗期	25	85	85	65		5	2	11
		分蘖期	35	85	85	65	194	5	2	16
		伸长期	40	85	85	65		7	5	18
		成熟期	30	85	85	65		7	2	14

续表 3-1

分区	水文年	灌溉时期	土壤计划湿润层深度 z(cm)	湿润比 p(%)	灌水上限 θ_1(%)	灌水下限 θ_2(%)	最大净灌溉定额 (m³/亩)	轮灌周期 T(d)	灌溉次数	最大净灌水定额 (m³/亩)
III区	湿润年 ($P=25\%$)	萌芽期	25	85	85	65	117	4	1	15
		苗期	25	85	85	65		5	1	15
		分蘗期	35	85	85	65		5	1	21
		伸长期	40	85	85	65		7	2	24
		成熟期	30	85	85	65		7	1	18
	中等年 ($P=50\%$)	萌芽期	25	85	85	65	174	4	2	15
		苗期	25	85	85	65		5	1	15
		分蘗期	35	85	85	65		5	1	21
		伸长期	40	85	85	65		7	3	24
		成熟期	30	85	85	65		7	2	18
	干旱年 ($P=85\%$)	萌芽期	25	85	85	65	258	4	2	15
		苗期	25	85	85	65		5	2	15
		分蘗期	35	85	85	65		5	2	21
		伸长期	40	85	85	65		7	5	24
		成熟期	30	85	85	65		7	2	18
IV区	湿润年 ($P=25\%$)	萌芽期	25	85	85	65	105	4	1	13
		苗期	25	85	85	65		5	1	13
		分蘗期	35	85	85	65		5	1	19
		伸长期	40	85	85	65		7	2	22
		成熟期	30	85	85	65		7	1	16
	中等年 ($P=50\%$)	萌芽期	25	85	85	65	156	4	2	13
		苗期	25	85	85	65		5	1	13
		分蘗期	35	85	85	65		5	1	19
		伸长期	40	85	85	65		7	3	22
		成熟期	30	85	85	65		7	2	16
	干旱年 ($P=85\%$)	萌芽期	25	85	85	65	232	4	2	13
		苗期	25	85	85	65		5	2	13
		分蘗期	35	85	85	65		5	2	19
		伸长期	40	85	85	65		7	5	22
		成熟期	30	85	85	65		7	2	16

3.2　喷灌

　　喷灌是利用压力管道输水,再由喷头将水喷射到空中,形成细小的水滴,均匀地洒落在地面,湿润蔗田土壤并满足糖料蔗的需水要求;其明显的优点是灌水均匀,少占耕地,节省人力,对地形的适应性强等,主要缺点是受风影响大。

3.2.1　喷灌的主要特点

　　(1)节水。利用管道输水灌溉,输水损失很小;喷灌容易控制水量,不易产生深层渗漏和地面径流。因此,喷灌的灌溉水利用系数可达 0.72～0.93,比明渠输水的地面灌溉节水 30%～50%,在透水性强、保水性差的蔗田,如在砂质土壤其节水可达70%以上。

　　(2)灌水均匀。喷灌受地形和土壤的影响很小,喷灌后地面湿润比较均匀,均匀度可达 0.8～0.9。

　　(3)增产。喷灌像下雨一样灌溉糖料蔗,不会破坏蔗田土壤结构,还可以调节田间小气候,增加近地表空气湿度,并能冲掉作物茎叶上的尘土,有利于糖料蔗呼吸和光合作用,因此具有明显的增产效果。

　　(4)节省土地。喷灌利用管道输水,固定管道可以埋在地下,减少灌水沟渠的占地,比明渠输水的地面灌溉方式减少占地 5%～15%。

　　(5)对地形和土质适应性强。山丘区地形复杂,修筑渠道难度较大,喷灌采用管道输水,管道布置对地形条件要求较低,另外喷灌可以根据土壤质地轻重和透水性大小合理确定水滴大小和喷灌强度,避免造成土壤冲刷和深层渗漏。

　　(6)天气情况对喷灌质量影响较大。主要是受风的影响大。当风速在 3～4 级以上时水滴在空中易被吹走,从而降低了均匀度,增加了蒸发损失。其次是天气干燥时,水滴在空中的蒸发量也加大,不利于节约用水。因此,在多风或干旱季节,应在早上或晚上进行喷灌。

（7）能改变田间小气候，便于田间灌溉观测，系统使用寿命长，从广西农垦局的使用情况来看，已建成30余年的喷灌系统目前仍然在正常使用。

（8）缺点：与微灌相比运行费比较高，机械耕地时容易撞坏喷墩，不能应用水肥一体化灌溉。

图3-7为扶绥县糖料蔗试验区喷灌照片。

图3-7　扶绥县糖料蔗试验区喷灌照片

3.2.2　喷灌系统的组成

喷灌系统由水源、水泵及动力机、管道系统和喷头等四个部分组成。

图3-8为喷灌布置图。

3.2.2.1　水源

河流、渠道、塘库、泉井、湖泊都可以作为喷灌水源，但必须在灌溉季节能按时、按质、按量供水。

3.2.2.2　水泵及动力机

水泵及动力机要能满足喷灌所需要的压力和流量要求。水泵可

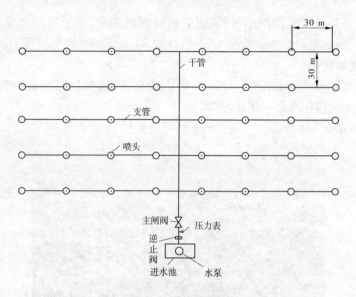

图 3-8　喷灌布置图

选择一般的农用水泵或专用喷灌泵。动力机可采用柴油机和电动机。在山丘区,当水源有足够的自然水头,能满足喷灌压力需要时,可不用水泵或动力机,直接采用自压喷灌,能大幅度节省工程投资和能源费用。这是山丘区优选的喷灌工程形式。

3.2.2.3　管道系统

管道系统的作用是把经过水泵加压或自压的灌溉水输送到田间,因此管道系统要求能承受一定的压力和流量。管道系统一般分为干管和支管两级。

3.2.2.4　喷头

喷头是喷灌的专用设备,也是喷灌系统最重要的部件,其作用是把管道中的有压集中水流分散成细小的水滴均匀地散布在田间。

3.2.3　喷灌条件下糖料蔗的灌溉制度

喷灌条件下糖料蔗灌溉制度具体见表3-2。

表 3-2　喷灌条件下糖料蔗灌溉制度参考表

分区	水文年	灌溉时期	土壤计划湿润层深度 z(cm)	湿润比 p(%)	灌水上限 θ₁(%)	灌水下限 θ₂(%)	最大净灌溉定额 (m³/亩)	轮灌周期 T(d)	灌溉次数	最大净灌水定额 (m³/亩)
I 区	湿润年 (P=25%)	萌芽期	25	100	85	65		4	1	14
		苗期	25	100	85	65		5	1	14
		分蘖期	35	100	85	65	111	5	1	20
		伸长期	40	100	85	65		7	2	23
		成熟期	30	100	85	65		7	1	17
	中等年 (P=50%)	萌芽期	25	100	85	65		4	2	14
		苗期	25	100	85	65		5	1	14
		分蘖期	35	100	85	65	165	5	1	20
		伸长期	40	100	85	65		7	3	23
		成熟期	30	100	85	65		7	2	17
	干旱年 (P=85%)	萌芽期	25	100	85	65		4	2	14
		苗期	25	100	85	65		5	2	14
		分蘖期	35	100	85	65	175	5	2	20
		伸长期	40	100	85	65		7	5	9
		成熟期	30	100	85	65		7	2	17
II 区	湿润年 (P=25%)	萌芽期	25	100	85	65		4	1	13
		苗期	25	100	85	65		5	1	13
		分蘖期	35	100	85	65	99	5	1	18
		伸长期	40	100	85	65		7	2	20
		成熟期	30	100	85	65		7	1	15
	中等年 (P=50%)	萌芽期	25	100	85	65		4	2	13
		苗期	25	100	85	65		5	1	13
		分蘖期	35	100	85	65	147	5	1	18
		伸长期	40	100	85	65		7	3	20
		成熟期	30	100	85	65		7	2	15
	干旱年 (P=85%)	萌芽期	25	100	85	65		4	2	13
		苗期	25	100	85	65		5	2	13
		分蘖期	35	100	85	65	218	5	2	18
		伸长期	40	100	85	65		7	5	20
		成熟期	30	100	85	65		7	2	15

续表 3-2

分区	水文年	灌溉时期	土壤计划湿润层深度 z(cm)	湿润比 p(%)	灌水上限 θ_1(%)	灌水下限 θ_2(%)	最大净灌溉定额(m³/亩)	轮灌周期 T(d)	灌溉次数	最大净灌水定额(m³/亩)
Ⅲ区	湿润年 ($P=25\%$)	萌芽期	25	100	85	65		4	1	16
		苗期	25	100	85	65		5	1	16
		分蘖期	35	100	85	65	127	5	1	23
		伸长期	40	100	85	65		7	2	26
		成熟期	30	100	85	65		7	1	20
	中等年 ($P=50\%$)	萌芽期	25	100	85	65		4	2	16
		苗期	25	100	85	65		5	1	16
		分蘖期	35	100	85	65	189	5	1	23
		伸长期	40	100	85	65		7	3	26
		成熟期	30	100	85	65		7	2	20
	干旱年 ($P=85\%$)	萌芽期	25	100	85	65		4	2	16
		苗期	25	100	85	65		5	2	16
		分蘖期	35	100	85	65	280	5	2	23
		伸长期	40	100	85	65		7	5	26
		成熟期	30	100	85	65		7	2	20
Ⅳ区	湿润年 ($P=25\%$)	萌芽期	25	100	85	65		4	1	14
		苗期	25	100	85	65		5	1	14
		分蘖期	35	100	85	65	115	5	1	21
		伸长期	40	100	85	65		7	1	24
		成熟期	30	100	85	65		7	1	18
	中等年 ($P=50\%$)	萌芽期	25	100	85	65		4	2	14
		苗期	25	100	85	65		5	1	14
		分蘖期	35	100	85	65	171	5	1	21
		伸长期	40	100	85	65		7	3	24
		成熟期	30	100	85	65		7	2	18
	干旱年 ($P=85\%$)	萌芽期	25	100	85	65		4	2	14
		苗期	25	100	85	65		5	2	14
		分蘖期	35	100	85	65	254	5	2	21
		伸长期	40	100	85	65		7	5	24
		成熟期	30	100	85	65		7	2	18

3.3　低压管道输水灌溉

低压管道输水灌溉简称低压管灌,它是以管道代替明渠输水灌溉的一种工程形式,灌水时使用较低的压力,通过压力管道系统,把水输送到田间、畦、灌溉蔗田。水由分水设施输送到田间地头,再由管道分水口(给水栓)分水进入田间沟、畦进行灌溉。

3.3.1　低压管灌的主要特点

(1)节水节能。管道输水可减少渗漏损失和蒸发损失,与土垄沟相比,管道输水损失可减少5%,水的利用率比土渠提高30%~40%,比混凝土等衬砌方式节水5%~15%。对机井灌区,节水就意味着降低能耗。

(2)省地、省工。用土渠输水,田间渠道用地一般占灌溉面积的1%~2%,有的多达3%~5%,而管道输水只占灌溉面积的0.5%,提高了土地利用率。同时,管道输水速度快,避免了跑水漏水现象,缩短了灌水周期,节省了巡渠和清淤维修用工。

(3)投资小、见效快,便于推广。管灌投资相对较低,同等水源条件下,由于能适时适量灌溉,满足作物生长期需水要求,因而起到增产增收作用。

(4)地形适应性强。压力管道输水,可以越沟、爬坡和跨路,不受地形限制,施工安装方便,便于群众掌握,便于推广。配上田间地面移动软管,可解决零散地块浇水问题,适合当前农业生产分田到户经营形式。管灌适用于建后管理较为粗放的分散农户经营管理、供水能力大、供水费用较低的蔗区。

(5)适合分户经营管理模式,管理方便。

(6)缺点:需分户计量收费,耗时耗工用水量大。

管灌比滴灌节省投资约30%,管灌可视为滴灌的雏形,即管灌已具有滴灌的主、支管道,但缺少过滤器、毛管和滴头。因此,在管灌规划设计时,考虑经济实用的同时,要留出管灌改为滴灌的发展空间。

3.3.2　低压管灌系统组成

低压管道输水灌溉是通过一定的压力,将灌溉水由管道与分水设施送到田间,直接由管道分水口分水进入田间沟畦或在分水口处接软管输水进入沟畦对农田实施灌溉。

低压管道输水灌溉系统由水源与取水工程、输配水管网和田间灌水设施 3 个部分组成。

图 3-9 为低压管道输水灌溉系统组成示意图。

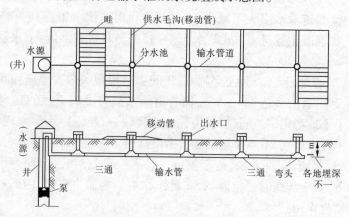

图 3-9　低压管道输水灌溉系统组成示意图

3.3.2.1　水源与取水工程

低压管道输水灌溉系统的水源可以是河流、渠道、塘库、泉井、湖泊等。各种水源的水质均应符合《农田灌溉水质标准》(GB 5084—2005)的要求。除有自然落差水头可进行自压管道输水灌溉外,一般需用水泵和动力机提水加压。

从泉井提水时除选择适宜的机泵外,还应安装压力表、水表、安全阀、控制阀及逆止阀等附属装置;从河湖、渠、沟、塘坝等提水时,还应设置进水闸、分水闸、拦污栅、沉淀池及量水建筑等附属设施。

3.3.2.2 输配水管网

输配水管网包括各级管道、分水设施、保护装置和其他附属设施。在面积较大的灌区,管网可由干管、分干管、支管、分支管等多级管道组成。给配水装置,包括由地下输水管道伸出地面的竖管、连接竖管和地面软管的给水栓。

3.3.2.3 田间灌水设施

田间灌水设施主要是指连接给水栓的移动软管。

3.3.3 低压管灌条件下糖料蔗的灌溉制度

低压管道输水田间沟灌条件下糖料蔗灌溉制度具体见表3-3。

表3-3 低压管道输水田间沟灌条件下糖料蔗灌溉制度参考表

分区	水文年	灌溉时期	土壤计划湿润层深度 z(cm)	湿润比 p(%)	灌水上限 θ_1(%)	灌水下限 θ_2(%)	最大净灌溉定额(m³/亩)	轮灌周期 T(d)	灌溉次数	最大净灌水定额(m³/亩)
I区	湿润年($P=25\%$)	萌芽期	—	—	—	—	208	8	1	26
		苗期	—	—	—	—		10	1	26
		分蘖期	—	—	—	—		10	1	37
		伸长期	—	—	—	—		14	2	43
		成熟期	—	—	—	—		14	1	33
	中等年($P=50\%$)	萌芽期	—	—	—	—	310	8	2	26
		苗期	—	—	—	—		10	1	26
		分蘖期	—	—	—	—		10	1	37
		伸长期	—	—	—	—		14	3	43
		成熟期	—	—	—	—		14	2	33
	干旱年($P=85\%$)	萌芽期	—	—	—	—	459	8	2	26
		苗期	—	—	—	—		10	2	26
		分蘖期	—	—	—	—		10	2	37
		伸长期	—	—	—	—		14	5	43
		成熟期	—	—	—	—		14	2	33

续表 3-3

分区	水文年	灌溉时期	土壤计划湿润层深度 z(cm)	湿润比 p(%)	灌水上限 θ_1(%)	灌水下限 θ_2(%)	最大净灌溉定额(m³/亩)	轮灌周期 T(d)	灌溉次数	最大净灌水定额(m³/亩)
Ⅱ区	湿润年（P=25%）	萌芽期	—	—	—	—	185	8	1	24
		苗期	—	—	—	—		10	1	24
		分蘖期	—	—	—	—		10	1	33
		伸长期	—	—	—	—		14	2	38
		成熟期	—	—	—	—		14	1	28
	中等年（P=50%）	萌芽期	—	—	—	—	275	8	2	24
		苗期	—	—	—	—		10	1	24
		分蘖期	—	—	—	—		10	1	33
		伸长期	—	—	—	—		14	3	38
		成熟期	—	—	—	—		14	2	28
	干旱年（P=85%）	萌芽期	—	—	—	—	408	8	2	24
		苗期	—	—	—	—		10	2	24
		分蘖期	—	—	—	—		10	2	33
		伸长期	—	—	—	—		14	5	38
		成熟期	—	—	—	—		14	2	28
Ⅲ区	湿润年（P=25%）	萌芽期	—	—	—	—	234	8	1	30
		苗期	—	—	—	—		10	1	30
		分蘖期	—	—	—	—		10	1	42
		伸长期	—	—	—	—		14	2	48
		成熟期	—	—	—	—		14	1	36
	中等年（P=50%）	萌芽期	—	—	—	—	348	8	2	30
		苗期	—	—	—	—		10	1	30
		分蘖期	—	—	—	—		10	1	42
		伸长期	—	—	—	—		14	3	48
		成熟期	—	—	—	—		14	2	36
	干旱年（P=85%）	萌芽期	—	—	—	—	516	8	2	30
		苗期	—	—	—	—		10	2	30
		分蘖期	—	—	—	—		10	2	42
		伸长期	—	—	—	—		14	5	48
		成熟期	—	—	—	—		14	2	36

分区	水文年	灌溉时期	土壤计划湿润层深度 z(cm)	湿润比 p(%)	灌水上限 θ_1(%)	灌水下限 θ_2(%)	最大净灌溉定额 (m³/亩)	轮灌周期 T(d)	灌溉次数	最大净灌水定额 (m³/亩)
Ⅳ区	湿润年 ($P=25\%$)	萌芽期	—	—	—	—	213	8	1	27
		苗期	—	—	—	—		10	1	27
		分蘖期	—	—	—	—		10	1	38
		伸长期	—	—	—	—		14	2	44
		成熟期	—	—	—	—		14	1	33
	中等年 ($P=50\%$)	萌芽期	—	—	—	—	317	8	2	27
		苗期	—	—	—	—		10	1	27
		分蘖期	—	—	—	—		10	1	38
		伸长期	—	—	—	—		14	3	44
		成熟期	—	—	—	—		14	2	33
	干旱年 ($P=85\%$)	萌芽期	—	—	—	—	470	8	2	27
		苗期	—	—	—	—		10	2	27
		分蘖期	—	—	—	—		10	2	38
		伸长期	—	—	—	—		14	5	44
		成熟期	—	—	—	—		14	2	33

低压管道输水田间淋灌条件下糖料蔗灌溉制度具体见表 3-4。

表 3-4　低压管道输水田间淋灌条件下糖料蔗灌溉制度参考表

分区	水文年	灌溉时期	土壤计划湿润层深度 z(cm)	湿润比 p(%)	灌水上限 θ_1(%)	灌水下限 θ_2(%)	最大净灌溉定额(m³/亩)	轮灌周期 T(d)	灌溉次数	最大净灌水定额(m³/亩)
I 区	湿润年 ($P=25\%$)	萌芽期	25	40	85	65	60	4	1	8
		苗期	25	40	85	65		5	1	8
		分蘖期	35	40	85	65		5	1	11
		伸长期	40	40	85	65		7	2	12
		成熟期	30	40	85	65		7	1	9
	中等年 ($P=50\%$)	萌芽期	25	40	85	65	89	4	2	8
		苗期	25	40	85	65		5	1	8
		分蘖期	35	40	85	65		5	1	11
		伸长期	40	40	85	65		7	3	12
		成熟期	30	40	85	65		7	1	9
	干旱年 ($P=85\%$)	萌芽期	25	40	85	65	117	4	2	8
		苗期	25	40	85	65		5	2	8
		分蘖期	35	40	85	65		5	2	11
		伸长期	40	40	85	65		7	5	9
		成熟期	30	40	85	65		7	2	9
II 区	湿润年 ($P=25\%$)	萌芽期	25	40	85	65	53	4	1	7
		苗期	25	40	85	65		5	1	7
		分蘖期	35	40	85	65		5	1	9
		伸长期	40	40	85	65		7	2	11
		成熟期	30	40	85	65		7	1	8
	中等年 ($P=50\%$)	萌芽期	25	40	85	65	79	4	1	7
		苗期	25	40	85	65		5	1	7
		分蘖期	35	40	85	65		5	1	9
		伸长期	40	40	85	65		7	3	11
		成熟期	30	40	85	65		7	2	8
	干旱年 ($P=85\%$)	萌芽期	25	40	85	65	117	4	2	7
		苗期	25	40	85	65		5	2	7
		分蘖期	35	40	85	65		5	2	9
		伸长期	40	40	85	65		7	5	11
		成熟期	30	40	85	65		7	2	8

续表 3-4

分区	水文年	灌溉时期	土壤计划湿润层深度 z(cm)	湿润比 p(%)	灌水上限 θ_1(%)	灌水下限 θ_2(%)	最大净灌溉定额(m³/亩)	轮灌周期 T(d)	灌溉次数	最大净灌水定额(m³/亩)
III区	湿润年(P=25%)	萌芽期	25	40	85	65		4	1	9
		苗期	25	40	85	65		5	1	9
		分蘖期	35	40	85	65	68	5	1	12
		伸长期	40	40	85	65		7	2	14
		成熟期	30	40	85	65		7	1	10
	中等年(P=50%)	萌芽期	25	40	85	65		4	2	9
		苗期	25	40	85	65		5	1	9
		分蘖期	35	40	85	65	101	5	1	12
		伸长期	40	40	85	65		7	3	14
		成熟期	30	40	85	65		7	2	10
	干旱年(P=85%)	萌芽期	25	40	85	65		4	2	9
		苗期	25	40	85	65		5	2	9
		分蘖期	35	40	85	65	150	5	2	12
		伸长期	40	40	85	65		7	5	14
		成熟期	30	40	85	65		7	2	10
IV区	湿润年(P=25%)	萌芽期	25	40	85	65		4	1	8
		苗期	25	40	85	65		5	1	8
		分蘖期	35	40	85	65	63	5	1	11
		伸长期	40	40	85	65		7	2	13
		成熟期	30	40	85	65		7	1	10
	中等年(P=50%)	萌芽期	25	40	85	65		4	2	8
		苗期	25	40	85	65		5	1	8
		分蘖期	35	40	85	65	94	5	1	11
		伸长期	40	40	85	65		7	3	13
		成熟期	30	40	85	65		7	2	10
	干旱年(P=85%)	萌芽期	25	40	85	65		4	2	8
		苗期	25	40	85	65		5	2	8
		分蘖期	35	40	85	65	139	5	2	11
		伸长期	40	40	85	65		7	5	13
		成熟期	30	40	85	65		7	2	10

3.4　新型能源在节水灌溉中的应用与示范

　　光伏提水是充分利用太阳能可循环再生绿色能源作为动力源,配用特制的直流水泵将水源从地下抽取到地面,或者将低海拔水源输送至高处储存或应用,其方案在当前光伏提水技术复杂化、环节多层化的基础上进行了全面技术优化和环节减化,实用有效,方便简单。

3.4.1　光伏提水主要特点

　　(1)结构简单可靠。光伏电源很少用到运动部件,工作可靠。
　　(2)安全,无噪声,无其他公害。不产生任何的固体、液体和气体有害物质,绝对的环保。
　　(3)安装维护简单,运行成本低,适合无人值守等。尤其以其可靠性高而备受关注。
　　(4)兼容性好。光伏发电可以与其他能源配合使用,也可以根据需要使光伏系统很方便地增容。
　　(5)标准化程度高,可由组件串并联以满足不同用电的需要,通用性强。
　　(6)水泵可深入水下 20 m,防止结冻,寿命长。
　　(7)缺点:能量分散,间歇性大,地域性强。太阳能抽水从整体来看,虽然在全寿命周期内是经济的,但前期成本较高,第一次投入大。

3.4.2　光伏提水系统组成

　　光伏提水系统的应用,能够有效地解决无电、缺水地区及野外市电无法供应地区的用水问题,可以使长期以来无法解决的农村饮水、农业灌溉、草场种植、荒漠绿化等多方面的用水问题得到缓解。
　　光伏提水系统采用太阳能阵列聚能送电—水泵全自动抽取、输送水—蓄水池蓄水—控制器自动控制蓄水池水位高度—手机远程无线遥控电磁阀或者手动放水。全系统可以实现在无人值守情况下,自动化地抽水、控水,达到有效利用、调配水资源,节约劳动时间,减轻劳动负担,提高生产效率的目的。

图 3-10 为光伏提水效果图。

图 3-10　光伏提水效果图

光伏提水系统由下列部分组成:光电池板、支架、基础、蓄电池、控制系统、光伏提水专用水泵、取水建筑物、输水管线、蓄水池、用水终端、安全防护网等。

图 3-11 为光伏提水系统示意图。

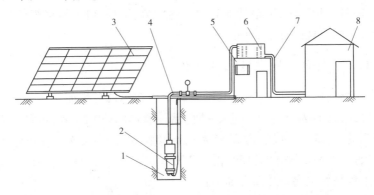

1—水源;2—水泵;3—光伏系统;4—上游输水管线;
5—控制室;6—蓄水池;7—下游输水管线;8—用水终端

图 3-11　光伏提水系统示意图

第4章 糖料蔗"双高"生产技术及"四化"要求

糖料蔗"双高"指高产(亩产8 t以上)、高糖(蔗糖糖分含量达14%以上);"四化"指经营规模化、种植良种化、全程机械化、水利现代化。

4.1 糖料蔗良种栽培技术

4.1.1 糖料蔗良种概念

糖料蔗良种是指适应某一地区、某一时期、某一栽培制度的生产条件和自然条件,能获得较高的蔗茎产量、甘蔗糖分和适宜的纤维含量,而且产量稳定,宿根性能和农艺性状好,适应性广,抗逆性强,制糖工艺品质佳的甘蔗品种。

4.1.2 当前主栽优良品种介绍

目前,广西蔗区的当家品种是新台糖22号,种植面积占全自治区总面积的67.6%,其他主要种植品种有:新台糖25号,占种植总面积的5.73%;台优,占5.55%;新台糖16号,占4.12%;桂糖21号,占3.17%;粤糖93/159,占2.76%。

各品种主要特征简介如下:

(1)新台糖22号。由台湾糖业研究所育成,1998年引进广西,属中大茎品种。叶身狭窄,叶片弯垂成弓状,易脱叶,叶鞘青紫色,老叶鞘呈暗紫色,57号毛群发达。蔗茎剥叶前为浅黄绿色,剥叶露光后呈紫红色,久晒后变深紫红色。新台糖 22 号属中熟、高糖品种。该品种萌芽率高,分蘖力中等,植株直立,较抗倒伏,耐旱力强,丰产性好,是目前桂中南地区的主栽品种。但该品种宿根性较差,抗寒力弱,易感梢腐病,不抗黑穗病,不宜在霜降期较长的蔗区种植。

(2)新台糖 25 号。由台湾糖业研究所育成,属中茎品种。叶片斜举挺立,不易脱叶,叶鞘青绿色,老叶鞘略带紫色,57 号毛群不发达。新台糖 25 号早熟、高糖。该品种萌芽整齐,分蘖力旺盛,宿根性强,抗叶枯病、黄锈病及叶梢病。新台糖 25 号对肥水较为敏感,适宜在肥力中等或中等以上的壤土、沙壤土上栽培。

(3)台优。由台湾糖业研究所育成,属中大茎品种。叶片下部挺立,叶上端 2/5 处稍弯,叶鞘绿色,背有发达的 57 号毛群。蔗茎剥叶前呈浅黄色,曝光后呈淡紫色,久晒后变成浅黄绿色。台优属早熟、高糖品种,糖分含量达 16.0% 以上。该品种萌芽率、分蘖率中等,易剥叶,抗倒伏、抗病虫,宿根性好,综合性能好。但该品种抗旱性中等,在水肥条件好的地方种植可获得高产。

(4)新台糖 16 号。由台湾糖业研究所育成,1994 年引进广西,属中茎品种。叶片向上束生,叶顶部弯垂,叶鞘有 57 号毛群。蔗茎剥叶前呈黄绿色,露光后呈浅紫色,久晒后变成淡绿色。新台糖 16 号属早熟、高糖、高产品种。该品种萌芽率高,生长整齐,分蘖旺盛,容易脱叶,不易倒伏,抗寒性强,抗黑穗病,但易发梢腐病,耐旱性差,宜选择在保水能力较强的蔗地上种植。

(5)桂糖 21 号。由广西甘蔗研究所育成,属中大茎品种。叶身较宽,新叶片企直,老叶片伸展角度较大。叶鞘浅紫色,无 57 号毛群。蔗茎剥叶前呈浅黄色,曝光之后呈深紫色。桂糖 21 号属早熟、高糖、高产、稳产品种。该品种出苗整齐,萌芽率高,分蘖力中等,有效茎数多,宿根性强,耐旱性优于新台糖 16 号,耐寒性优于新台糖 22 号,中抗黑穗病,高抗花叶病。

(6)粤糖 93/159。由广州甘蔗糖业研究所湛江甘蔗研究中心育成,属中大茎品种。叶身较宽,心叶直立,老叶弯垂成弓形,叶鞘青绿色或略带黄绿色。蔗茎剥叶前呈青黄色,露光后变成黄绿色。粤糖93/159 属特早熟、特高糖、高产品种。该品种萌芽快而整齐,萌芽率高,分蘖力旺盛,宿根性强,高抗黑穗病和嵌纹病,但后期易出现落黄早衰状况,易感染黄叶病。

除上述主栽品种外,广西蔗区还大力推广新近培育的优良品种,如粤糖 60、桂糖 28、柳城 05 - 136、桂糖 97 - 69 等属于大茎、高产品种;柳城 03 - 1137、桂糖 02 - 901、桂糖 02 - 281 等属于中茎、稳产、高糖品种;桂糖 29、桂糖 36、桂糖 02 - 208 等属于萌芽势强、分蘖率高、宿根性好的品种。

4.1.3　糖料蔗各阶段生长特点及所需环境条件

4.1.3.1　糖料蔗各阶段生长特点

糖料蔗从下种到收获的整个生长过程可分为萌芽期、苗期、分蘖期、伸长期和成熟期等五个生长阶段,糖料蔗各阶段都有其生长特点,具体见表 4-1。

表 4-1　广西糖料蔗各阶段的生长特点(以春植蔗为例)参考表

生育期	各生育期的划分	各生育期的天数	各生育期的生长特点
萌芽期	下种后至萌发出土的芽数占总发芽数 80%以上的这段时期称为萌芽期	萌芽期一般为 30~40 天	在适宜的环境条件下,甘蔗根点的休眠状态被打破,根尖生长点吸水膨胀突出,迅速伸出表皮之外而长成种根;同时蔗芽也吸水膨大,生长点细胞大量分生和增大,突破芽鳞,从芽孔长出形成幼苗

续表 4-1

生育期	各生育期的划分	各生育期的天数	各生育期的生长特点
苗期	从 10% 的幼苗发生第一片真叶起,至有 50% 以上的蔗苗发生 5 片真叶为止的这段时期称为苗期	苗期一般为 40～60 天	①地下部分完成种根和苗根的更替。幼苗长出 3 片真叶前,种根起主导作用,但其吸收功能逐渐被苗根所取代。②幼苗生长完成从异养向自养的转变。幼苗长出 3 片真叶前,养分靠种苗自身供给;长出 3 片真叶后,逐渐靠叶片和根系供给养分和水分。③植株地上部分和地下部分的生长相互促进。根系吸收水分和矿物质养分供给地上部,地上部则通过光合作用为根系提供养分
分蘖期	从有 10% 的幼苗开始分蘖起,至全田幼苗开始拔节、蔗茎平均旬伸长速度达 3cm 时的这段时期称为分蘖期	分蘖期一般为 40～50 天	甘蔗植株基部节上的蔗芽在适宜条件下萌发成为新的植株,称为分蘖。由母茎上长出的分蘖称为第一次分蘖,从第一次分蘖上长出的分蘖称为第二次分蘖,其余类推。但不是所有的分蘖都能作为原料蔗使用,生产上将收获时蔗茎长度达 1 m 以上的分蘖称为有效分蘖,不足 1 m 的分蘖称为无效分蘖

续表 4-1

生育期	各生育期的划分	各生育期的天数	各生育期的生长特点
伸长期	从蔗株自开始拔节且蔗茎平均伸长速度达每旬 3 cm 以上起,至伸长基本停止的这段时期称为伸长期	伸长期一般为 120 ~ 150 天	甘蔗伸长期生长特点是"发大根、开大叶、长大茎"。"发大根"是指根的生长量比分蘖期大 10 倍以上,且根系分布广且深,吸收能力很强。"开大叶"主要表现为叶片数和叶面面积迅速增加。"长大茎"是甘蔗在光、温、水、气等条件适宜的情况下,蔗茎每个月增加 4 ~ 6 个节,蔗茎伸长 60 ~ 80 cm
成熟期	蔗茎内蔗糖含量达到该品种固有的最高水平,蔗汁品质达到最好的时期称为成熟期	成熟期一般为 60 天,早熟品种提前 20 天左右,晚熟品种延迟 30 ~ 40 天	甘蔗生长逐渐减慢乃至停止,蔗茎中蔗糖迅速累积直至达到最高水平。同一蔗茎是由下而上逐节成熟,未成熟的蔗茎基部节间的蔗糖糖分明显高于梢部。分蘖茎的蔗糖糖分在成熟初期低于主茎,但到成熟后期,与主茎差异不大

4.1.3.2　糖料蔗各阶段所需环境条件

糖料蔗在生长过程中受光照、温度、水分、氧气以及养分等外在环境因素的影响,在不同生长阶段所需的环境条件有所不同,如表 4-2 所示。

表4-2　糖料蔗各阶段所需的环境条件参考表

生育期	光照	温度	水分	氧气	养分
萌芽期	—	甘蔗发根的最低温度为10℃，最适温度是20~27℃；蔗芽萌发最低温度为13℃，最适温度是26~32℃	土壤含水量相当于最大田间持水量的65%~70%时适宜蔗种萌发，低于55%时将抑制种苗萌芽，高于80%则导致土壤通气不良	氧气充足，有利于蔗种萌发，氧气不足将抑制蔗种萌发，而且还会使种苗产生酒精中毒	蔗种萌发所需养分靠种苗自身供给
苗期	光照充足，叶片生长快，幼苗粗壮；光照不足，叶片生长慢，幼苗纤细	幼苗生长的最低温度约为15℃，适宜温度为25℃左右	土壤含水量相当于最大田间持水量的65%左右时适宜蔗苗生长，低于50%或高于80%都不利于幼苗生长	土质疏松，氧气充足，有利于甘蔗发根长苗；缺氧将抑制根系的吸收功能，使幼苗生长不良	苗期所需养分约占总量的1%，但表现出对养分的迫切性，供应不足将导致幼苗生长不良
分蘖期	光照充足，有利于甘蔗分蘖；光照不足，部分分蘖会因受到荫蔽而死去	分蘖发生的最低温度为20℃，最适温度为30℃，超过40℃将抑制分蘖的发生	土壤含水量相当于最大田间持水量的70%左右时适宜蔗株分蘖，低于55%或高于80%都不利于分蘖的发生	土壤疏松，通气良好，有助于分蘖的发生；土壤板结、积水、通气不良，将影响甘蔗分蘖	分蘖期所需养分约占总量的10%，在分蘖始期应及时追肥促分蘖

续表 4-2

生育期	光照	温度	水分	氧气	养分
伸长期	光照充足,植株生长健壮、茎粗大;光照不足,则蔗茎细长,易倒伏	蔗茎伸长的最低温度为10℃,最适温度为30℃,超过34℃将抑制蔗株的生长	土壤含水量相当于最大田间持水量的80%左右时适宜蔗株伸长,低于70%或田土发白时,应及时灌水	土壤通气良好,蔗株长势好,伸长快;土壤缺氧则影响根系的吸收功能,不利于蔗株伸长	伸长期所需养分最多,占总量的60%~80%,在伸长初期应重施攻茎肥
成熟期	强光和较长的日照有利于糖分的积累,阳光充足还使蔗田变干燥,更促进甘蔗成熟	白昼温度13~18℃,夜间温度5~7℃,昼夜温差在10℃适宜蔗糖糖分积累,低于0℃则会使蔗株受到冷害	土壤含水量相当于最大田间持水量的60%~70%时适宜甘蔗成熟,低于60%时可适当灌水,收获前1个月应停止灌水,以免影响蔗糖糖分积累	土壤氧气充足,甘蔗后期长势好,有利于正常成熟;土壤板结、渍水、通气性差,甘蔗后期长势差,易退糖	成熟期所需养分约占总量的10%,此期避免多施氮肥防徒长,可适施钾肥促成熟

4.1.4　糖料蔗田间管理技术措施

4.1.4.1　种植技术

1. 植前准备

为搞好糖料蔗种植,需做好有关准备工作,具体见表4-3。

2. 下种种植

糖料蔗种植应因地制宜,适时下种,合理密植,施足基肥,施药防虫等,具体见表4-4和表4-5。

表 4-3　糖料蔗植前有关准备工作表

技术措施	整地开沟	因地制宜,选用良种	种苗处理
技术内容	蔗田清园后使用机器深耕深松,深度达到 30~50 cm。然后对表土层 16~20 cm 的深度旋耕耙平耙碎,使耕作层达到深、松、碎、平,创造良好的保水、保肥、透气和增温的土壤条件。同时,要注意开好排水沟,防止积水	土壤肥沃、有灌溉条件的蔗地,宜选用中、大茎品种,如粤糖 93/159;耕层浅薄、保水能力差的旱坡地,则宜选用抗旱性强、稳产型的中茎品种,如新台糖 22 号;沿海蔗区应选择桂糖 97－69、台优等抗倒伏的品种	选健壮蔗株,砍留梢头茎 70~100 cm 作蔗种,用锋利的蔗刀砍种,砍成 2 芽段或 3 芽段的种苗。下种前要浸种消毒,可用清水和 2% 石灰水两种方法浸种;用 50% 多菌灵以 0.1% 的药液浸种消毒 10 分钟,或用 50% 代森铵 1:400 倍药液浸种消毒 2~3 分钟

表 4-4　糖料蔗下种种植技术措施表

技术措施	因地制宜,适时下种	合理密植	施足基肥	施药防虫
技术内容	根据气候条件,广西春植蔗适宜下种期:桂南蔗区立春至雨水、桂中蔗区雨水至春分、桂北蔗区惊蛰至清明。如果采用地膜覆盖栽培技术,可以提早 20 天左右播种	大茎品种单茎重较大,不宜密植;中、小茎品种下种量要多一些,具体参见表 4-5	基肥以有机肥为主,配施适量的 N、P、K 化肥。如果采用地膜覆盖栽培一次施肥法,则将全部肥料作基肥;如果采用二次施肥法,则将全部的有机肥和磷肥、50%~100% 的钾肥、30%~50% 的氮肥作基肥,余下 50%~70% 的氮肥作追肥	摆种完后先在种苗的两侧撒农药,以防治地下害虫

表 4-5　高产高糖甘蔗产量构成及种植密度

品种类型	下种量（芽/亩）	适宜行距（cm）	种植密度（芽/m）	有效茎数（条/亩）	平均单茎质量(kg)	产量指标（t/亩）
大茎种	7 000 ~ 8 000	100 ~ 150	10 ~ 18	5 000 ~ 5 500	1.4 ~ 1.6	7 ~ 8
中茎种	8 000 ~ 9 000	90 ~ 130		5 500 ~ 6 000	1.3 ~ 1.5	

4.1.4.2　糖料蔗不同生育期田间管理措施

糖料蔗在不同生长阶段所处的环境条件以及水、肥的需要量不同，其田间管理措施也就有所不同，具体可见表 4-6。

表 4-6　糖料蔗各生育期田间管理措施

管理措施	苗期	分蘖期	伸长期	成熟期
防旱排涝	苗期需水不多，注意做好防旱工作，避免田间积水而影响幼苗的生长，但蔗田过于干旱时要灌水	此期需水不多，保持最大田间持水量达到65% ~ 70%即可，做好防旱排涝工作	土壤含水量低于田间持水量的70%时，需要进行灌溉，特别是在秋旱时期。内涝、洪水严重，影响根系生长，造成生长不良时，需要及时开沟排水	土壤过于干旱时，条件允许应适当灌溉，但在收获前1个月应停止灌水
肥料运筹	植前施足基肥，苗期可以不用施肥；蔗田基肥不足，蔗苗长势弱，可适量追施氮肥和磷肥	蔗苗长势好，分蘖快，可以不用施肥；蔗苗长势差，分蘖慢，要进行中耕培土施肥	早施重施攻茎肥，可在 12 ~ 14 片真叶期施用攻茎肥。攻茎肥以速效氮肥为主，氮肥施用量占50% ~ 70%，钾肥施用量占 0 ~ 50%	成熟期不宜多施氮肥，防止蔗叶徒长，可适施钾肥以促进蔗株糖分积累

续表 4-6

管理措施	苗期	分蘖期	伸长期	成熟期
病虫害防治	加强蔗田排涝工作,防止凤梨病和赤腐病的发生;用药剂防治蔗螟和蔗龟	用农药锐劲特乳剂或毒死蜱(乐斯本)兑水喷洒心叶防治蓟马、蔗飞虱等害虫	用 50% 多菌灵喷雾心叶防治梢腐病、黄斑病和褐条病;用 10% 吡虫啉可湿性粉剂或 5% 吡虫啉乳油兑水喷雾防治棉蚜虫、粉介壳虫等病虫	用 10% 吡虫啉可湿性粉剂或 5% 吡虫啉乳油喷雾防治棉蚜虫、粉介壳虫
其他管理措施	查苗补苗,在幼苗长出 2~3 片真叶时,要及时进行查苗补缺,保证全苗、齐苗	间苗定苗,拔除弱苗、病苗,有计划地控制田间苗数,保证壮苗	大培土防倒伏,大培土可以扩大根系吸收面积,预防倒伏。沿海地区培土要加高到 20 cm 以上;耕作层浅薄的旱地培土厚度为 10~15 cm 即可	防霜防冻,霜冻来临之前,采用灌水或熏烟的方法,缓和降温,减轻冻害

4.2　全程机械化在糖料蔗生产中的应用

糖料蔗机械化生产是指使用机器代替传统人工方法进行耕作、种植、培土、收获、装载运输的过程,包括整地、开行种植、中耕培土、砍收、装载运输、蔗叶粉碎还田以及宿根蔗开垄松蔸等环节。糖料蔗机械化应用是减轻劳动强度、提高工作效率、实现糖料蔗生产种植节本增效、保证高产高糖的重要措施。

4.2.1 糖料蔗机械化应用现状

4.2.1.1 机器耕整蔗地

植前使用耕作机具对蔗田深耕深松,改变耕作层的土层结构,为甘蔗生长提供良好的条件。广西蔗区比较成熟的深耕深松机有1LH-345型深耕犁(见图4-1)和1SL-160型深松犁(见图4-2)。1LH-345型深耕犁整机质量690 kg,配套动力132 kW,耕深40 cm;1SL-160型深松犁整机质量650 kg,配套动力100~120 kW,松土幅度达到1 600 mm。目前,在政府农机购置补贴、蔗地深耕作业补贴等措施的有力推动下,机械化深耕深松技术得到广泛的应用。据统计,2013年,全自治区推广蔗地深耕深松的面积达到535.3万亩,约占当年新种植糖料蔗面积的90.2%。

图4-1　1LH-345型深耕犁

4.2.1.2 机器种植

使用机器种植,涉及开沟、砍种、摆种、喷药、施肥、覆土、盖膜等环节。因此,蔗区主要是使用联合种植机完成各道工序的作业过程。广西蔗区使用的主要是2CZX-2型甘蔗种植机(见图4-3),其整机质量1 100 kg,载种量800~1 000 kg,开行深度达25~30 cm。近年来,随着大功率联合种植机的使用,各蔗区开展机械种植的面积逐渐

图4-2 1SL-160型深松犁

图4-3 2CZX-2型甘蔗种植机

扩大,至2013年,全自治区糖料蔗机械化种植水平为27.06%。

4.2.1.3 机器培土

使用机器可以做到深培土、大培土,扩大根系吸收面积,增强植株抗风抗倒能力,促进来年宿根蔗的生长。蔗区较常见的是1GP-125型中耕培土机(见图4-4),该机配套手扶拖拉机,动力11~15 kW,培土高度18~22 cm,作业行距1.25~1.5 m。在农机部门的推广和示范下,蔗农已逐渐认可和接受甘蔗机械化中耕培土技术,2013

年,全自治区糖料蔗区使用机械化中耕培土的面积达到238.8万亩,
占14.7%。

图4-4　1GP－125型中耕培土机

4.2.1.4　机器收获

糖料蔗机械收获可分为联合收获和分段收获两种,联合收获包括切段式和整杆式。切段式收割机质量可靠、适应性强,在国外应用得最多、最广泛。整杆式收割机在出现倒伏的蔗地上作业不理想。切段式收割机主要有凯斯A4000收割机(见图4-5)和凯斯7000收割机(见图4-6)。凯斯A4000收割机整机质量7 000 kg,配套动力170马力(1马力≈0.735 kW),适应行距≥0.9 m;凯斯7000收割机整机质量15 500 kg,配套动力330马力,适应行距≥1.2 m。广西蔗区主推切段式收割机,2013年机收面积61.63万亩,占总种植面积的3.8%。

4.2.2　糖料蔗机械化生产存在的问题

(1)广西糖料蔗60%以上种植在旱坡地和丘陵地,地形复杂,缺乏机械耕作的基础设施,且单家独户经营,种植规格杂乱,不利于机械种植、中耕和收获等作业,机械化程度低。

图 4-5　凯斯 A4000 收割机

图 4-6　凯斯 7000 收割机

（2）甘蔗种植机械机型庞大,价格昂贵,设备不够精良,作业质量达不到农艺要求;多数中耕培土机不顺带施肥,辅助工多,劳动强度大,培土时由于地形起伏,作业质量不稳定;整杆式收割机体形庞大,地头转弯困难,不能收获倒伏严重的甘蔗,留茬和含杂高等。

（3）甘蔗机械化耕作易损坏田间灌溉设施。目前,糖料蔗主要还是使用地表式滴灌、微喷灌、沟灌、固定管道式喷灌等灌溉方式,机器在深耕整地、中耕培土、收获等环节容易碾压管道、挑破滴灌带和微喷带、撞断喷灌竖管墩等,造成灌溉设施不能正常使用。

4.2.3　糖料蔗机械化生产发展对策

（1）改变传统的甘蔗种植模式,实行土地集约化、规模化经营的生产组织；为甘蔗生产机械化提供良好的作业条件,从广西植蔗的地形地貌看,可以将多个耕地毗邻农户的蔗地改造为连片种植,使之基本上能适应大中型甘蔗机械作业。

（2）加大资金投入,落实扶持政策,安排建设专项资金,进行甘蔗生产机械化补贴,将甘蔗机械种植、中耕、收获、装载等列入国家购置补贴计划,并加大补贴力度,引导企业和蔗农使用机器进行生产。

（3）加快蔗糖产业机械化标准的制定,规范机器的动力、整机质量、油耗、作业行距、安全生产、操作守则等行业标准,实行标准化生产和产业化管理。

（4）整合资源,统筹规划,解决机械化生产与灌溉工程建设不匹配的问题。在进行糖料蔗片区建设时,先做好种植标准化(耕作农机化)工作,再完善水利项目配套。如果次序颠倒,就会出现互相打架的问题,比如灌溉系统影响机械化,机械化破坏灌溉系统等。另外,将行距扩宽至 $1.2\sim1.4$ m,以适应大中型机器进行中耕培土、收获及宿根蔗破垄松蔸等作业。

4.3　水利现代化在糖料蔗生产中的应用

水利现代化作为"四化"建设的重要内容,应与相关建设项目协调推进才能确保工程效益。高效节水灌溉是获得"双高"的技术关键和保障。当前广西"双高"基地建设主要采用滴灌和微喷灌两种方式。

4.3.1　糖料蔗基地水利化建设的工作程序

（1）在规划片区范围,积极整合中央财政小型农田水利设施建设专项补助资金(含从土地出让收益中计提的水利建设资金)、中央财政现代农业生产发展资金等项目,建设蔗区水源工程、输水工程及其配套设施。

(2)实施滴灌、喷灌等田间高效节水灌溉工程和水肥一体化应与基地实施主体管护能力相适应,并在蔗区完成土地流转(或整合)、蔗区土地整治和道路建设(或取得土地整治和蔗区道路规划)的基础上进行建设。工作程序为:完成蔗区土地流转(或整合)—落实种植标准化、耕作机械化要求—完成土地整治、蔗区道路建设(或取得土地整治和蔗区道路规划)—建设田间节水灌溉工程。

4.3.2 糖料蔗基地水利化建设的内容和标准

4.3.2.1 主要建设内容

(1)优质高产高糖糖料蔗基地水利化项目应根据项目区土壤条件、水源情况及规模经营程度,因地制宜开展蔗区节水灌溉基础设施建设。优先建设蔗地灌溉水源工程和输水工程,水源工程设施包括山塘、陂坝、水池和泵站等,输水工程应科学选择渠道或管道等。

(2)落实基地实施主体的田间灌溉工程可选择地面滴灌、地埋滴灌和喷灌等高效节水灌溉措施(采用地埋滴灌的糖料蔗区,应有宿根性较强的品种)。合理布设田间首部工程和移动式喷灌设备,包括配套的蓄水池、加压设施、过滤设施和水肥一体化设施,滴灌带(滴灌管)、喷头、阀门及田间阀门井等田间灌水运行控制设施。

(3)统一经营管理水平较高的蔗区,鼓励配置施肥、喷药等设备设施,实现水肥、水药一体化;配置电磁阀、解码器、总控制器等智能化灌溉控制设备设施,实现灌溉自动化;同步建设监测设备和信息服务网络,实现用水监测管理,提高灌溉管理自动化水平。统一经营管理水平较低或是以分散农户种植管理为主的蔗区,暂不配套田间首部工程、滴灌带(滴灌管)、喷头等田间灌水运行控制设施。但渠道输水工程应合理配套田间渠系工程,管道输水工程应在干支管网中配置出水阀,以满足灌溉用水要求。

4.3.2.2 建设标准

(1)灌溉水源水质应符合《农田灌溉水质标准》,枯水期水源保证率不得低于 85%。

（2）地面灌溉设计保证率应达到 75% 以上，实施滴灌、喷灌等田间灌溉设计保证率应达到 85% 以上。设计标准应符合广西地方标准《小型农田水利工程规划设计导则》（DB45/T952—2013）及相关规程规范和标准的规定。

（3）糖料蔗灌水定额、灌溉制度等主要参数设计应满足当地灌水要求，糖料蔗计划湿润层深度应达到 0.30～0.40 m，固定式喷灌工程干支管网管道长度应达到 300～450 m/hm²（随喷头间距变化调整），滴灌、微喷灌工程干支管网管道长度应达到 100～150 m/hm²（随支管长度和间距变化调整）。

（4）滴灌、微喷灌等毛管间距和孔口间距应符合《微灌工程技术规范》（GB/T 50485—2009）的要求。采用地表滴灌、地埋滴灌和微喷灌的糖料蔗区，从方便机械砍收和甘蔗植株数量等方面考虑，种植行距采取 1.2 m 以上的等行距种植或宽行 1.2 m 以上、窄行 0.4～0.5 m 的宽窄行种植。

（5）固定式喷灌工程工作支管间距和喷头间距应符合《喷灌工程技术规范》（GB/T 50085—2007）的要求，定喷式喷灌系统喷灌均匀系数应大于 0.75，行喷式喷灌系统喷灌均匀系数应大于 0.85。从方便机械砍收和甘蔗植株数量等方面考虑，建议采用喷灌的糖料蔗区种植行距采取 1.2 m 以上的等行距种植或宽行 1.2 m 以上、窄行 0.4～0.5 m 的宽窄行种植。

（6）项目区建设可实现水、肥、药一体化灌溉。

4.4　"双高"建设对土地整治和农艺措施的要求

4.4.1　对土地整治的要求

（1）要求糖料蔗基地地势平坦，交通便利，相对连片面积 200 亩以上,单幅地块长度 200 m、宽度 25 m 以上、坡度 13°以下。如单幅地块长度超过 1 000 m 的,原则上以 500 m 长度划分地块。

(2)地里没有障碍物(石头、树根等),以免影响机械运行或损坏机械零部件。

(3)地块里面不得乱安放固定的水泥墩柱、电杆等设施。

(4)机耕道路(生产路)必须满足农机作业地头回转及糖料蔗运输车辆行走要求。机耕道路(生产路)应采用泥结石路面,宽度要达到 4 m 以上,并适当修建会车道;与地块相对高度一般不高于 5 cm,以便于机械调头作业。

4.4.2 对农艺措施的要求

(1)糖料蔗品种。选用高产高糖、宿根性好、抗倒伏、易剥叶、适合于机收作业的优良品种。

(2)深耕、深松。深耕深度 30 cm 以上,深松深度要求 40~60 cm。

(3)种植行距。采取两种种植模式:一种是等行距种植,行距为 1.2 m 以上的种植模式;另一种是宽窄行种植,行距为 1.2 m × (0.4~0.5)m, 即宽行 1.2 m 以上,窄行 0.4~0.5 m。

(4)亩播种量。等行距种植,平均每米 13~15 个芽;宽窄行种植,平均每米 8~10 个芽。每亩 5 000~6 000 个芽。

(5)种植深度。开沟深度 30~50 cm,种植深度 25~30 cm。

(6)培土质量。培土形状为龟背形,整行培土高度均匀一致,培土高度为 15 cm。

第 5 章　节水灌溉工程运行管护及注意事项

5.1　明确运行管护的主体

　　根据工程的产权性质及用水区域内的实际情况,采用适宜的运行管理模式,如成立由地方政府、村委会、供水专业管理机构或农民代表组成的用水户协会组织等组建管护主体。管护主体负责制定灌溉工程运行维护管理办法、水费计收办法、作物灌溉制度及调配水计划等各种管理制度,负责按照技术规范及时做好工程设备及各个部位的日常检修、运行维护工作,确保灌溉顺利进行,充分发挥工程效益。

5.2　运行管理与维护的制度与方式

　　为做好糖料蔗区的灌溉运行管理与维护工作,应成立管护机构或明确专管人员,制定运行操作规程和管理制度,操作人员应培训后持证上岗。根据用水计划进行操作,并做好记录。记录应包括工程名称、所在地址、作业日期、水源类型、风速、气温、相对湿度、作物种类、种植面积和生育期、轮灌组序号和同时运行的支管编号、仪表读数、施肥种类、单位面积施肥量及施肥总量、事故状况和处理结果、值班人员签名等。

　　运行管理与维护的方式主要分为运行前检查和定期检查。运行前检查是在每次运行灌溉前对灌溉系统进行检查,以免造成不必要的能源浪费和经济损失,保证灌溉系统的正常使用及使用寿命。定期检查是对系统进行全面检查、维护,对损坏的部件进行更换。

运行管理模式可参照以下现行的 5 种模式:

(1)以基层水管站为依托的乡镇政府或村委会管理模式。这种管理模式其管理主体一般由乡镇政府或村委会和水利管理站人员组成专门机构,负责对糖料蔗种植、水费计收等进行协调和规范,实行标准化、规范化有偿管理;水利站负责灌溉技术指导及灌溉设备的调配、运行、维护和管理,并通过制定工程运行管理制度等进行规范化服务。这种管理模式适合水利基础条件相对较好、乡镇及村级水利服务体系较健全的地区。

(2)灌溉服务公司模式。此种管理模式是按照市场机制要求建立起来的新型基层糖料蔗灌溉服务组织。服务组织以公司的形式出现,实行企业化管理,规范化服务,独立核算,自主经营,自负盈亏。这种模式能够有效地解决目前广西农村一家一户土地分散经营的灌溉问题,工程设备的利用率及管理水平较高。

(3)农民专业合作社(股份合作制管理模式)。农民专业合作社是按照"自愿入股,利益共享,自主经营,自负盈亏,风险共担,民主管理"的原则,联合建设管理糖料蔗节水灌溉工程。这种管理形式适用于水利基础条件比较差,但群众发展节水灌溉积极性较高的乡镇、村。

(4)企业化管理模式(专业种植公司、专业大户或糖企 + 农户的管理模式)。为提高土地的产出效益,通过采用先进的糖料蔗节水灌溉技术,把过去一家一户分散经营的土地集中起来,由公司企业进行统一开发、统一管理;经营上采取承包、租赁等形式。此种管理模式在城市郊区及农村经济较发达地区对节水高效农业的发展起到了积极的推动作用。

(5)农民用水者协会或村组 + 专管人员管理模式。农民用水者协会或村组通过"一事一议"民主决策,统一种植结构,统一节水工程建设,工程建成后归村民所有。由农民用水者协会统一建设、统一播种、统一管理,节约了运行成本。村委会组织,民主推荐专人负责工程的运行管理,一般按照一个灌溉系统控制面积500~5 000亩不等,推选2~8人进行管理,亩均管理费用6~12元,管理费用由农民用水者协会向会员统一收取,统一发放给管理人员。管理人员负责首部枢纽设备运行、设施维修养护和作物全生育期的灌水、施肥工作。种植、中耕、除草及收割等田间管理工作由农户自行承担。农民用水者协会和村民之间不涉及土地经营权和经济利益关系。

5.3 运行管护的主要内容

5.3.1 水源工程

水源管理与维护的重点是水源的水量、水质和设施的管理与维护。无论是以河流、渠道、水库、塘堰还是以机井等作为水源的水源工程,运行前都应检查水源水质,保证水体无毒、无害并且满足灌溉需求,同时不破坏当地的水生态平衡。节水灌溉工程的取水必须控制在水行政主管部门的批准取水许可范围内,按时、按质、按量供水。对水源工程除经常性的维护外,每个灌溉季节结束,应及时清淤、整护。

5.3.1.1 取水口

对于水源为地表水的工程,取水口竣工后,应检查施工围堰是否拆除干净,残留围堰可能会形成水下丁坝,造成河流主流改向,影响取水或导致取水构筑物淤塞报废。对山区河流,为防止洪水期泥沙淤积影响取水,取水头部应设置可靠的除沙设备。水库取水常受生物繁殖影响,应采取措施及时清除水生物,以保证取水。在水源附近应禁止取土、采石、爆破及其他危及工程安全的活动。

5.3.1.2 管井

(1)井口配置保护设施,修建井房,加设井台、井盖,以防止地面积水,风沙、土块、杂物等淤塞机井并造成井水的污染。

（2）季节性供水的机井,因长期不用更易淤塞,使出水量减少,故应经常抽水,可 10 天或半个月抽水一次,每次运行的时间不少于 1 天。

（3）井管、过滤器或水泵若处在高矿化水中,往往因为腐蚀而加速破坏,可使用阴极保护法加以保护。即用 3 mm×30 mm×300 mm 的锌片,每隔 2 m 一块,用铁丝连接在一起,总长与井深相同,上端铁丝和井口焊接。每年对锌片检查一次,已损坏的要更换,对因化学作用产生的表面薄膜要进行清除。

（4）对每口机井均应建立技术档案,包括设计和竣工图纸,运行过程中要详细记录出水量、水位、水温、水质及含沙量的变化情况,绘制成长期变化曲线。若发现异常,如水位明显变化、出水量减少等情况,应及时查明原因进行处理,以确保正常运行。

5.3.2　首部枢纽

要求对首部枢纽,主要包括动力及加压设备、过滤设备、施肥装置、安全保护装置和控制设施及量测设备等,进行全面观测、检查、清淤,要求各装置完好,各部件齐全,控制阀门启闭灵活,各部件连接牢固,密封性能好,线路正常。运行中必须经常观察罐体各部位,不得有泄气、漏水现象;过滤器应定时进行冲洗排污。应保障水流供应稳定,并在高效区运行。

每次应用水肥一体化施肥时,应先滴清水,待压力稳定后再施肥,施肥完成后用清水清洗管道即再滴清水。施肥过程中,应定时监测灌水器流出的水溶液浓度,避免肥害。施肥结束后,需用不含肥的水连续冲洗灌溉管路 15～30 分钟,防止滴灌管滴头堵塞。

5.3.2.1　动力及加压设备

对于水泵、电动机或柴油机及其他动力机械等动力及加压设备,在运行前应作检查:各紧固件应无松动;泵轴转动灵活,无杂音;采用机油润滑的水泵,油质洁净,油位适中;电动机外壳应接地良好;配电盘配线和室内线路应保持良好绝缘;电缆线的芯线不得裸露;电动机和电路应正常;用皮带机传动的水泵,要把皮带挂好,检查皮带松紧情况,并调整合适。灌水前应先开启给水栓,后启动水泵;系统关闭时应先停泵,后关闭给水栓。

机泵的运行管理主要注意以下5点:

(1)声音与振动。水泵在运行中机组平稳,声音正常而不间断,如有不正常的声音和振动发生,则是水泵发生故障的前奏,应立即停泵检查。

(2)温度与油量。水泵运行时应经常对轴承的温度和油量进行巡检,用温度表所量测的轴承温度:滑动轴承最高温度85 ℃,滚动轴承最高温度90 ℃。工作中可以用手触轴承座,若烫手不能停留时,说明温度过高,应停泵检查。轴承中的润滑油要适中,用机油润滑的轴承要经常检查,及时补足油量。同时,动力机温度也不能过高,填料密封应正常,若发现异常现象,必须停机检查。

(3)仪表变化。水泵启动后,要注意各种仪表指针位置,在正常运行情况下,指针位置应稳定在一个位置上基本不变,若指针发生剧烈变化,要立即查明原因。

(4)水位变化。机组运行时,要注意进水池和水井的水位变化。若水位过低(低于最低水位),应停泵,以免发生气蚀。

(5)机泵维护。每天保持井房内和机泵表面干燥、干净;常用螺丝要用合适的固定扳手操作,不常用的外露的丝扣要用油布定期擦净,以防锈固;用机油润滑的机泵,每使用一个月加一次油;用黄油润滑的,每使用半年加一次油;机泵运行后,在冬闲季节要进行彻底检修、清洗,除锈去垢,修复和更换损坏的零部件。

5.3.2.2　过滤设备

对沉沙(淀)池、初级拦污栅、筛网过滤器和介质过滤器等过滤设备,运行前应检查各部件是否齐全、紧固,仪表是否灵敏,阀门启闭是否灵活;开泵后排净空气,检查过滤器,若有漏水现象应及时处理。

运行期间应定时进行冲洗排污或取出过滤元件进行人工清洗。进行反冲洗时应避免滤砂冲出罐外,必要时应及时补充滤砂。

进行维护和保养时,应对过滤器进行全面检查、清洗或反冲洗,对进、出口和储沙罐等进行检查,及时取出过滤元件进行彻底清洗,并对其他部件进行保养,更换已损坏的零部件。对于筛网过滤器,每次灌水后应取出过滤元件进行清洗,并更换已损坏的部件。

5.3.2.3　施肥装置

施肥装置运行前应检查的内容有:各部件连接是否牢固,承压部位密封是否良好;压力表是否灵敏,阀门启闭是否灵活,接口位置是否正确。

运行时应按需要量投肥,并按使用说明进行施肥作业。施肥罐中注入的固体颗粒不得超过施肥罐容积的 2/3;施肥后必须利用清水将系统内的肥液冲洗干净,并定期对施肥罐进行清洗。

进行维护和保养时,每次施肥后,应检查进、出口接头的连接和密封情况。灌溉季节后,应对施肥装置各部件进行全面检修,清洗污垢,更换损坏和被腐蚀的零部件,并对易蚀部件和部位进行处理。

5.3.2.4　安全保护装置和控制设施及量测设备

安全保护装置和控制设施及量测设备包括水表和压力表,各种手动、机械操作或电动操作的闸阀,如安全阀、减压阀、进排气阀、逆止阀、泄排水阀、水力自动控制阀、流量调节器等。阀门的开、闭应均匀缓慢,阀门井等保护装置应保护完好,避免阳光直射阀门,造成老化。电磁阀线缆避免裸露,应用护管保护,注意零部件的保养,定期进行清洗,经常检查维修,保证其安全、有效运行。自动控制系统要定期调试和维护,在不熟悉构造及原理的情况下应联系专业技术人员进行调试和维护。

5.3.3　电气设备

对于室内低压线路或室外非架空低压线路严禁使用裸线,绝缘层破损或被腐蚀的导线必须及时更换,接头等连接部位不得松动,并应有良好的绝缘保护;对敷设在地下的每一电缆线路,应查看路面是否正常,有无挖掘痕迹及路线标桩是否完整无缺;电缆线路上不应堆置瓦砾、矿渣、建筑材料、粗笨物件、酸碱性排泄物或砌堆石灰坑;检查电缆是否拖拉过紧,保护管或槽有无脱开或锈烂现象,保护管或槽内有无积水;按规定应接地的设备,接地必须良好;经常检查露天安装的各类开关、保险及外盖是否有触头烧伤、腐蚀、老化、损坏等现象。发现问题,必须查明原因,及时更换,排除故障。永久性架空电力线路每月应巡回检查一次,地埋电缆每半年应检查一次,绝缘电阻每年应测定一次。

5.3.4　管网系统

5.3.4.1　管网的运行

管网在运行过程中,一定要加强巡查和检漏,加强各管道及配件的技术管理。建立管网技术档案,掌握完整的设计图纸和技术资料,为整个供水系统的运行和日常管理、维修工作提供依据。

管道系统在初始运用时,应进行全面检查、调试或冲洗,并做到管道畅通,无污物杂质堵塞和泥沙淤淀,保证管道系统无渗水、漏水现象。给水栓或出口以及暴露在地面的连接管道应完整无损。无田间首部调压装置的,可通过调整球阀的开启度来进行调压,使系统各支管进口压力大致相同。量测仪表应盘面清晰,显示正常;各级管道应无损坏,毛管应无扭曲或打结,出水器无堵塞等情况。系统运行时,必须严格控制压力表读数,应将系统控制在设计压力范围内,以保证系统能安全、有效运行。在运行过程中,要注意管材各接口处和局部管段是否漏水,若发现漏水,可根据管件的不同材质选择恰当的措施及时处理;要检查系统水质情况,视水质情况对系统随时进行冲洗。

5.3.4.2　严格执行灌水方式

按灌水计划的轮灌次序分组进行输水灌溉,不可随意打开各支管控制闸门,最好由近至远或由远至近逐块灌水。在第一个轮灌组结束之前,应将第二个轮灌组控制阀门和出水口打开,然后再关闭第一个轮灌组控制阀门和出水口。

5.3.4.3　管网的维护

　　埋设于田间的管道,由于施工质量的缺陷、不均匀沉陷、农用机械碾压等原因,可能使管材、管道、管件等损坏漏水,应根据不同材质、规格情况立即进行修补或更换。管网运行时,若发现地面渗水,应在停机后待土壤变干时将渗水处挖开,露出管道破损位置,按相应管材的维修方法进行维修。

　　田间使用的软管,由于管壁薄,经常移动,使用时应注意以下事项:使用前,要认真检查软管的质量,并将铺管路线平整好,以防草木、作物茬或石块等尖状物扎破软管。使用时,软管要铺放平顺,严禁拖拉,以防破裂。软管输水过沟时,应架托保护,跨路应挖沟填土或套钢管保护,转弯要平缓,切忌拐直角弯。用后清洗干净,排出管内积水,卷好存放。软管使用中发现损坏,应及时修补。若出现漏水,可用塑料薄膜补贴,也可用专用黏合剂修补。软管应存放在空气干燥、温度适中的地方;软管应平放,防止重压和磨坏软管折边;不要将软管与化肥、农药等放在一起,以防软管黏结。对于多年重复使用的软管,在回收时要特别注意不要被作物和地面附着物划破刺穿,边回收边检查有无破损,如发现问题应立即处置。回收的移动软管堆放在仓库中,要尽量按在地块中的布置编序堆放,为下次铺设创造有利条件。同时,做好作物收割停水后部分设备的拆卸、回收、存放、检修、养护工作,为下一年度工程设备良好运行奠定坚实的基础。

5.4　恶劣天气及突发事件的应对措施

5.4.1　防雷措施

　　在各种恶劣天气及突发事件中被雷电击中是最容易损坏机械设备的。雷电的危害表现为三种形式,分别是被雷电击中、静电感应、电磁感应。安装水泵时,应该在周围布置好防雷电设施。水泵的金属外壳需要单独引线接地,开关箱需装设漏电保护器,有泵房的还需安设避雷针,防雷设施安装时应由专业电工人员负责。

5.4.2　抗冻措施

对于水源工程,冬季开敞式蓄水池没有保温防冻设施,故冬季不蓄水,秋灌后要及时排除池内积水,冬季要清扫池内积雪,以防止池体冻胀破裂。封闭式蓄水池除进行正常的检查维修外,还要对池顶保温防冻铺盖和池外墙填土厚度进行检查维护。对于机电设备,冬季停机后,要打开泵壳下面的放水塞,把水放净,防止水泵冻坏。在冬季冻害较严重的地区,有必要在管道排水结束后将电磁阀的上阀体卸下,用干净毛巾将电磁阀内部的余水擦干。对于管道系统,冬季应及时放空管道内存水,以免冻坏。针对不同情况,采取相应的方法进行处理。如钢管内结冰,要打开下游侧的阀门,把积水放空,用喷灯、气焊枪或电热器沿管线烧烤烘,直到恢复正常。如给水栓冻结,可从水的出口开始,用热水逐步浇烫,或将浸油的布从下到上缠绕到管子上,然后点火由下往上燃烧。

5.4.3　电气防火措施

配电箱、电气设备周围不准堆放易燃、易爆物品,不准使用火源,电气设备集中场所应配置灭火器材;定期检测设备的绝缘程度;下雨时要将配电箱箱门关好,防止进水。

5.4.4　其他措施

(1)开敞式蓄水池夏季容易滋生藻类,需定时投放药物。

(2)夏季要注意塑料管材裸露部分的保护,避免强光直射造成老化和损坏。

(3)对于金属设备,使用后应将表面的水擦拭干净,以免锈蚀。

第6章　广西优质高产高糖糖料蔗基地建设政策

6.1　国家明确提出把糖列为国计民生产品

中共中央、国务院先后印发了《关于加快水利改革发展的决定》（中发〔2011〕1号）、《关于加快推进农业科技创新持续增强农产品供给保障能力的若干意见》（中发〔2012〕1号）、《关于加快发展现代农业进一步增强农村发展活力的若干意见》（中发〔2013〕1号），明确提出把糖并列为与粮、棉、油同等重要的国计民生产品，要求支持优势产区加强糖料生产基地建设，进一步优化布局，促进糖料蔗高效节水灌溉规模化建设，提高效益。

6.2　自治区党委、人民政府出台政策促进糖料蔗发展

（1）中共广西壮族自治区党委、人民政府印发了《关于实现水利改革发展新跨越的决定》（桂发〔2011〕22号）。

（2）2013年7月，广西壮族自治区人民政府印发了《关于促进我区糖业可持续发展的意见》（桂政发〔2013〕36号），要求实施蔗区节水灌溉增产重大工程，到2020年建成高效节水灌溉面积500万亩，平均单产超8 t，蔗糖糖分含量超14%的优质高产高糖糖料蔗基地，实现"吨糖田"目标。

（3）2013年6月，广西壮族自治区人民政府印发了《研究推进糖

料蔗高效节水灌溉促进现代农业创新发展问题的纪要》(桂政阅〔2013〕101 号),明确提出各级各部门要抓住糖料蔗高效节水灌溉工作的重点和关键点,破解难点,推动糖料蔗高效节水灌溉的科学发展。

6.3　自治区各部门出台政策促进糖料蔗发展

(1)自治区发改委印发《广西壮族自治区农业(种植业)"十二五"规划》的通知(桂发改规划〔2011〕1212 号),明确提出蔗糖产业目标:2015 年,全自治区糖料蔗种植面积稳定在 1 600 万亩,糖料蔗总产9 000万 t 以上,产糖 1 100 万 t,产业总产值 1 000 亿元以上,其中种植业产值 405 亿元。主要任务:稳定和合理调控甘蔗种植面积。加强蔗区基础设施建设,提高抗旱、抗灾能力。强化高产高糖新品种研发和高产栽培技术研究,促进品种更新换代,提升糖料蔗栽培技术水平。加快农机化技术开发,突破机收瓶颈,推进糖料蔗全程机械化。加快蔗糖深加工技术研发,提高综合利用水平,促进循环经济发展。

(2)自治区农业厅印发了《关于贯彻落实〈广西壮族自治区人民政府关于促进广西糖业可持续发展的意见〉的实施方案》(征求意见稿)。

(3)2012 年自治区水利厅印发《关于广西糖料蔗高效节水灌溉技术及用水定额应用研究工作方案的通知》(桂水农水〔2012〕9 号)。2013 年 2 月,自治区水利厅启动了"广西糖料蔗高效节水灌溉发展模式研究"项目,部署了广西糖料蔗高效节水灌溉发展模式研究工作。

(4)2013 年 8 月,自治区水利厅印发了《关于培育第一批广西水利科技推广高效节水灌溉示范园区的通知》(桂水科〔2013〕14 号),重点在江州区、扶绥县、大新县、武宣县等 12 个县(区)创建"糖料蔗高效节水灌溉示范园区"。

(5)2013 年 2 月,自治区水利厅和糖业发展局联合印发了《关于开展广西糖料蔗高效节水灌溉发展规划调查的通知》(桂糖业〔2013〕3 号),要求编制完成《广西糖料蔗高效节水灌溉规模化发展规划》。

(6)广西糖业发展局编制完成《广西糖业发展"十二五"规划》。

(7)广西壮族自治区设立优质高产高糖糖料蔗基地建设试点工作领导小组办公室,为实现全区 500 万亩"双高"基地打好基础。2014 年在全区试点建设 50 万亩经营规模化、种植良种化、生产机械化、水利现代化的"四化"基地,50 万亩"双高"基地项目分布于崇左、来宾、柳州、南宁、北海、钦州、百色、贵港、防城港、河池 10 个主产糖市的 26 个县(市、区)和自治区农垦系统的 10 个农场,共 451 个项目片区。

6.4　自治区各县(市、区)出台政策促进糖料蔗发展

崇左市江州区党委、政府"两办"出台了《崇左市江州区"富民工程——30 万亩甘蔗高效节水灌溉项目首期 6 万亩示范基地建设工作方案"》。

崇左市江州区组织专家初步制定了《江州区糖料甘蔗膜下滴灌亩产八吨栽培技术规程》。

来宾市兴宾区人民政府以红头文件下发《关于进一步做好政策性甘蔗种植保险工作的通知》,要求各乡镇人民政府、街道及区直相关单位在当前政策性甘蔗种植保险的黄金季节,要以"三个有利于"(有利于政府、有利于蔗农、有利于企业)为出发点,切实抓好政策性甘蔗种植保险工作的落实,确保群众对该项保险工作的知晓率达到100%,投保率达到90%以上,按时按质完成政策性甘蔗种植保险任务。

6.5　糖料蔗生产惠民政策

自治区财政厅、国土资源厅联合印发了《广西壮族自治区优质高产高糖糖料蔗基地土地整治以奖代补专项资金管理暂行办法》,

以奖代补标准主要包括 7 条:

(1)对尚未实施土地整治项目的糖料蔗基地,由建设主体按土地整治工程建设标准和要求,开展土地平整、蔗区排水和田间道路等工程建设,工程建设完成并通过验收后给予不超过 1 500 元/亩的资金奖补。

(2)对选择已实施土地整治项目的糖料蔗基地,由建设主体根据农业机械化需要,开展以归并地块、降低地面坡度和清除出露石芽为主的土地平整工程,工程建设完成并通过验收后给予不超过 400 元/亩的资金奖补。

(3)土地平整工程奖补标准。地面原坡度在 10°以内,在土地平整区内拆除原有田埂,修筑规整的耕作地块的,按 300 元/亩标准给予奖补;地面原坡度在 10°~15°,开展表土收集、表土恢复和土方挖填工程进行降坡的,按 400 元/亩的标准给予奖补。

(4)蔗区排水工程奖补标准。排水沟要求采用浆砌砖或现浇混凝土结构,新建硬化排水沟净宽≤50 cm 的,按 60 元/m 奖补;50 cm<净宽≤80 cm 的,按 70 元/m 奖补;净宽>80 cm 的,按 80 元/m 奖补。

(5)田间道路工程奖补标准。新建泥结石道路路面厚度不小于 15 cm,素土路肩的路面宽 4 m 以下的按 60 元/m 奖补,路面宽 4 m 以上的按 80 元/m 奖补;新建水泥路路面宽 3 m 以上的,按 200 元/m 奖补。

(6)技术费用奖补标准。技术费用按 70 元/亩计取并实行单列,主要用于工程竣工图测量绘制、工程复核和耕地质量等级的评定工作。

(7)实际奖补金额按建设内容和相应的奖补标准计算,且不超过规定的最高亩均奖补标准。针对甘蔗机械化作业程度不高的现状,广西从 2013 年开展了"甘蔗生产全程机械化示范区"建设工作,提出建设 500 万亩优质糖料蔗基地的目标,2014 年试点建设 50 万亩。为提高机械化水平,广西通过"以奖代补"等政策激励,鼓励农民开展耕地整治。自治区政府出资对"甘蔗生产全程机械化示范区"的县(市、区)机收作业进行补贴,其中整杆式收获每亩补贴 150 元,切段式收获每亩补贴 30 元。

第 7 章　推荐和建议

7.1　根据不同的种植规模推荐不同的灌溉技术

7.1.1　适宜推广滴灌的条件

种植规模达"四化"标准的糖业企业、种植大户、合作社等推荐采用地表式滴灌；种植基地土壤疏松、灌溉水质达标、管理水平高、具备水肥一体化条件的糖业企业、种植大户推荐采用地埋式滴灌。具体灌溉制度见表 7-1。

表 7-1　地表式、地埋式滴灌灌溉制度参考表

项目	萌芽期		苗期		分蘖期		伸长期		成熟期		灌水次数合计	灌溉定额(m^3/亩)
	灌水次数	灌水量(m^3/亩)	灌水次数	灌水量(m^3/亩)	灌水次数	灌水量(m^3/亩)	灌水次数	灌水量(m^3/亩)	灌水次数	灌水量(m^3/亩)		
地表式滴灌	1	19.3	2	38.4	3	57.7	5	96.2	2	38.5	13	250
地埋式滴灌	2	25	2	25	4	50	6	75	2	25	16	200

7.1.2　适宜推广喷灌的条件

种植规模化、土地整治已完成"小块变大块"、水源充足、机械化

程度高的种植基地推荐喷灌。具体灌溉制度见表7-2。

表 7-2　喷灌灌溉制度参考表

分区	水文年	灌溉时期	土壤计划湿润层深度 z(cm)	最大净灌溉定额（m³/亩）	轮灌周期 T(d)	灌溉次数	最大净灌水定额（m³/亩）
I 区	湿润年（$P=25\%$）	萌芽期	25		4	1	14
		苗期	25		5	1	14
		分蘖期	35	111	5	1	20
		伸长期	40		7	2	23
		成熟期	30		7	1	17
	中等年（$P=50\%$）	萌芽期	25		4	2	14
		苗期	25		5	1	14
		分蘖期	35	165	5	1	20
		伸长期	40		7	3	23
		成熟期	30		7	2	17
	干旱年（$P=85\%$）	萌芽期	25		4	2	14
		苗期	25		5	2	14
		分蘖期	35	175	5	2	20
		伸长期	40		7	5	9
		成熟期	30		7	2	17

续表 7-2

分区	水文年	灌溉时期	土壤计划湿润层深度 z(cm)	最大净灌溉定额（m^3/亩）	轮灌周期 T(d)	灌溉次数	最大净灌水定额（m^3/亩）
II 区	湿润年（$P=25\%$）	萌芽期	25		4	1	13
		苗期	25		5	1	13
		分蘖期	35	99	5	1	18
		伸长期	40		7	2	20
		成熟期	30		7	1	15
	中等年（$P=50\%$）	萌芽期	25		4	2	13
		苗期	25		5	1	13
		分蘖期	35	147	5	1	18
		伸长期	40		7	3	20
		成熟期	30		7	2	15
	干旱年（$P=85\%$）	萌芽期	25		4	2	13
		苗期	25		5	2	13
		分蘖期	35	218	5	2	18
		伸长期	40		7	5	20
		成熟期	30		7	2	15
III 区	湿润年（$P=25\%$）	萌芽期	25		4	1	16
		苗期	25		5	1	16
		分蘖期	35	127	5	1	23
		伸长期	40		7	2	26
		成熟期	30		7	1	20
	中等年（$P=50\%$）	萌芽期	25		4	2	16
		苗期	25		5	1	16
		分蘖期	35	189	5	1	23
		伸长期	40		7	3	26
		成熟期	30		7	2	20
	干旱年（$P=85\%$）	萌芽期	25		4	2	16
		苗期	25		5	2	16
		分蘖期	35	280	5	2	23
		伸长期	40		7	5	26
		成熟期	30		7	2	20

续表 7-2

分区	水文年	灌溉时期	土壤计划湿润层深度 z(cm)	最大净灌溉定额 (m³/亩)	轮灌周期 T(d)	灌溉次数	最大净灌水定额 (m³/亩)
Ⅳ区	湿润年 ($P=25\%$)	萌芽期	25	115	4	1	14
		苗期	25		5	1	14
		分蘖期	35		5	1	21
		伸长期	40		7	2	24
		成熟期	30		7	1	18
	中等年 ($P=50\%$)	萌芽期	25	171	4	2	14
		苗期	25		5	1	14
		分蘖期	35		5	1	21
		伸长期	40		7	3	24
		成熟期	30		7	2	18
	干旱年 ($P=85\%$)	萌芽期	25	254	4	2	14
		苗期	25		5	2	14
		分蘖期	35		5	2	21
		伸长期	40		7	5	24
		成熟期	30		7	2	18

7.2 根据种植效益目标推荐不同的灌溉技术

7.2.1 丰产型灌溉制度

对于干旱、半干旱糖料蔗种植区,在一定的生产管理技术条件和水源状况下,按糖料蔗获取最高单产的要求确定的灌水次数、灌水时间、灌水定额,称为丰产型灌溉制度。采用这种灌溉制度,必须具备充足的灌溉水源条件,能满足既定灌溉面积上糖料蔗整个生育期内对水分的最大需求。具体见表 7-3。

7.2.2　经济型灌溉制度

经济型灌溉制度是指单位灌溉水或单位灌溉水成本取得纯收益最大时的灌溉制度。它是在除水分条件外其他因素都做到的情况下,与糖料蔗生育期内未灌溉或最小灌溉定额处理相比,增加单位水量相应增加纯收益最高时的灌水时间、灌水次数、灌水定额、灌溉定额。采用这种灌溉制度,能充分发挥灌溉水的效益。具体见表 7-3。

表 7-3　丰产型及经济型灌溉制度参考表

灌溉标准	水文年	萌芽期		苗期		分蘖期		伸长期		成熟期		灌水次数合计	灌溉定额（m³/亩）
		灌水次数	灌水定额（m³/亩）	灌水次数	灌水定额（m³/亩）	灌水次数	灌水定额（m³/亩）	灌水次数	灌水定额（m³/亩）	灌水次数	灌水定额（m³/亩）		
丰产型	湿润年	1	5.5	1	6	1	6.5	2	8	1	5	6	39
	中等年	2	5.5	1	6	1	7	3	8	2	5	9	58
	干旱年	2	6	2	6.5	2	8	5	7	2	5	13	86
经济型	湿润年	1	8					2	9			3	26
	中等年	2	6.5					3	10			5	43
	干旱年	2	8					5	8.8			7	60

7.3　根据不同的种植区域推荐不同的灌溉技术

7.3.1　滴灌灌溉制度

滴灌灌溉制度具体参见表 7-4 和表 7-5。

表 7-4　土壤湿润比为 35% 条件下的滴灌灌溉制度参考表

分区	水文年	灌溉时期	土壤计划湿润层深度 z(cm)	最大净灌溉定额（m^3/亩）	轮灌周期 T(d)	灌溉次数	最大净灌水定额（m^3/亩）
I 区	湿润年（$P=25\%$）	萌芽期	25		4	1	6
		苗期	25		5	1	6
		分蘖期	35	45	5	1	8
		伸长期	40		7	2	9
		成熟期	30		7	1	7
	中等年（$P=50\%$）	萌芽期	25		4	2	6
		苗期	25		5	1	6
		分蘖期	35	67	5	1	8
		伸长期	40		7	3	9
		成熟期	30		7	2	7
	干旱年（$P=85\%$）	萌芽期	25		4	2	6
		苗期	25		5	2	6
		分蘖期	35	99	5	2	8
		伸长期	40		7	5	9
		成熟期	30		7	2	7
II 区	湿润年（$P=25\%$）	萌芽期	25		4	1	5
		苗期	25		5	1	5
		分蘖期	35	39	5	1	7
		伸长期	40		7	2	8
		成熟期	30		7	1	6
	中等年（$P=50\%$）	萌芽期	25		4	2	4
		苗期	25		5	1	5
		分蘖期	35	58	5	1	5
		伸长期	40		7	3	8
		成熟期	30		7	2	8
	干旱年（$P=85\%$）	萌芽期	25		4	2	4
		苗期	25		5	2	5
		分蘖期	35	84	5	2	5
		伸长期	40		7	5	8
		成熟期	30		7	2	8

续表 7-4

分区	水文年	灌溉时期	土壤计划湿润层深度 z(cm)	最大净灌溉定额（m³/亩）	轮灌周期 T(d)	灌溉次数	最大净灌水定额（m³/亩）
Ⅲ区	湿润年（$P=25\%$）	萌芽期	25	51	4	1	7
		苗期	25		5	1	7
		分蘖期	35		5	1	9
		伸长期	40		7	2	10
		成熟期	30		7	1	8
	中等年（$P=50\%$）	萌芽期	25	76	4	2	7
		苗期	25		5	1	7
		分蘖期	35		5	1	9
		伸长期	40		7	3	10
		成熟期	30		7	2	8
	干旱年（$P=85\%$）	萌芽期	25	112	4	2	7
		苗期	25		5	2	7
		分蘖期	35		5	2	9
		伸长期	40		7	5	10
		成熟期	30		7	2	8
Ⅳ区	湿润年（$P=25\%$）	萌芽期	25	43	4	1	5
		苗期	25		5	1	5
		分蘖期	35		5	1	8
		伸长期	40		7	2	9
		成熟期	30		7	1	7
	中等年（$P=50\%$）	萌芽期	25	64	4	2	5
		苗期	25		5	1	5
		分蘖期	35		5	1	8
		伸长期	40		7	3	9
		成熟期	30		7	2	7
	干旱年（$P=85\%$）	萌芽期	25	95	4	2	5
		苗期	25		5	2	5
		分蘖期	35		5	2	8
		伸长期	40		7	5	9
		成熟期	30		7	2	7

表 7-5　土壤湿润比为 85% 条件下的滴灌灌溉制度参考表

分区	水文年	灌溉时期	土壤计划湿润层深度 z(cm)	最大净灌溉定额（m³/亩）	轮灌周期 T(d)	灌溉次数	最大净灌水定额（m³/亩）
I 区	湿润年（$P=25\%$）	萌芽期	25		4	1	13
		苗期	25		5	1	13
		分蘖期	35	102	5	1	18
		伸长期	40		7	2	21
		成熟期	30		7	1	16
	中等年（$P=50\%$）	萌芽期	25		4	2	13
		苗期	25		5	1	13
		分蘖期	35	152	5	1	18
		伸长期	40		7	3	21
		成熟期	30		7	2	16
	干旱年（$P=85\%$）	萌芽期	25		4	2	13
		苗期	25		5	2	13
		分蘖期	35	165	5	2	18
		伸长期	40		7	5	9
		成熟期	30		7	2	16
II 区	湿润年（$P=25\%$）	萌芽期	25		4	1	11
		苗期	25		5	1	11
		分蘖期	35	88	5	1	16
		伸长期	40		7	2	18
		成熟期	30		7	1	14
	中等年（$P=50\%$）	萌芽期	25		4	2	11
		苗期	25		5	1	11
		分蘖期	35	131	5	1	16
		伸长期	40		7	3	18
		成熟期	30		7	2	14
	干旱年（$P=85\%$）	萌芽期	25		4	2	11
		苗期	25		5	2	11
		分蘖期	35	194	5	2	16
		伸长期	40		7	5	18
		成熟期	30		7	2	14

续表 7-5

分区	水文年	灌溉时期	土壤计划湿润层深度 z(cm)	最大净灌溉定额(m³/亩)	轮灌周期 T(d)	灌溉次数	最大净灌水定额(m³/亩)
Ⅲ区	湿润年(P=25%)	萌芽期	25	117	4	1	15
		苗期	25		5	1	15
		分蘖期	35		5	1	21
		伸长期	40		7	2	24
		成熟期	30		7	1	18
	中等年(P=50%)	萌芽期	25	174	4	2	15
		苗期	25		5	1	15
		分蘖期	35		5	1	21
		伸长期	40		7	3	24
		成熟期	30		7	2	18
	干旱年(P=85%)	萌芽期	25	258	4	2	15
		苗期	25		5	2	15
		分蘖期	35		5	2	21
		伸长期	40		7	5	24
		成熟期	30		7	2	18
Ⅳ区	湿润年(P=25%)	萌芽期	25	105	4	1	13
		苗期	25		5	1	13
		分蘖期	35		5	1	19
		伸长期	40		7	1	22
		成熟期	30		7	1	16
	中等年(P=50%)	萌芽期	25	156	4	2	13
		苗期	25		5	1	13
		分蘖期	35		5	1	19
		伸长期	40		7	3	22
		成熟期	30		7	2	16
	干旱年(P=85%)	萌芽期	25	232	4	2	13
		苗期	25		5	2	13
		分蘖期	35		5	2	19
		伸长期	40		7	5	22
		成熟期	30		7	2	16

7.3.2 微喷灌灌溉制度

微喷灌灌溉制度具体见表7-6。

表7-6 微喷灌灌溉制度参考表

分区	水文年	灌溉时期	土壤计划湿润层深度 z(cm)	最大净灌溉定额（m^3/亩）	轮灌周期 T(d)	灌溉次数	最大净灌水定额（m^3/亩）
Ⅰ区	湿润年（$P=25\%$）	萌芽期	25	111	4	1	14
		苗期	25		5	1	14
		分蘖期	35		5	1	20
		伸长期	40		7	2	23
		成熟期	30		7	1	17
	中等年（$P=50\%$）	萌芽期	25	165	4	2	14
		苗期	25		5	1	14
		分蘖期	35		5	1	20
		伸长期	40		7	3	23
		成熟期	30		7	2	17
	干旱年（$P=85\%$）	萌芽期	25	175	4	2	14
		苗期	25		5	2	14
		分蘖期	35		5	2	20
		伸长期	40		7	5	9
		成熟期	30		7	2	17
Ⅱ区	湿润年（$P=25\%$）	萌芽期	25	99	4	1	13
		苗期	25		5	1	13
		分蘖期	35		5	1	18
		伸长期	40		7	2	20
		成熟期	30		7	1	15
	中等年（$P=50\%$）	萌芽期	25	147	4	2	13
		苗期	25		5	1	13
		分蘖期	35		5	1	18
		伸长期	40		7	3	20
		成熟期	30		7	2	15
	干旱年（$P=85\%$）	萌芽期	25	218	4	2	13
		苗期	25		5	2	13
		分蘖期	35		5	2	18
		伸长期	40		7	5	20
		成熟期	30		7	2	15

续表7-6

分区	水文年	灌溉时期	土壤计划湿润层深度 z(cm)	最大净灌溉定额（m³/亩）	轮灌周期 T(d)	灌溉次数	最大净灌水定额（m³/亩）
Ⅲ区	湿润年（$P=25\%$）	萌芽期	25	127	4	1	16
		苗期	25		5	1	16
		分蘖期	35		5	1	23
		伸长期	40		7	2	26
		成熟期	30		7	1	20
	中等年（$P=50\%$）	萌芽期	25	189	4	2	16
		苗期	25		5	1	16
		分蘖期	35		5	1	23
		伸长期	40		7	3	26
		成熟期	30		7	2	20
	干旱年（$P=85\%$）	萌芽期	25	280	4	2	16
		苗期	25		5	2	16
		分蘖期	35		5	2	23
		伸长期	40		7	5	26
		成熟期	30		7	2	20
Ⅳ区	湿润年（$P=25\%$）	萌芽期	25	115	4	1	14
		苗期	25		5	1	14
		分蘖期	35		5	1	21
		伸长期	40		7	1	24
		成熟期	30		7	1	18
	中等年（$P=50\%$）	萌芽期	25	171	4	2	14
		苗期	25		5	1	14
		分蘖期	35		5	1	21
		伸长期	40		7	3	24
		成熟期	30		7	2	18
	干旱年（$P=85\%$）	萌芽期	25	254	4	2	14
		苗期	25		5	2	14
		分蘖期	35		5	2	21
		伸长期	40		7	5	24
		成熟期	30		7	2	18

附　图

江州区新和镇孔香甘蔗高效节水灌溉项目试验区

项目技术员在糖料蔗需水量试验中进行生育期观测记录

采用悬挂吊牌定株观测方法进行观测记录

进行定株观测记录

对糖料蔗进行考种观测

武宣县项目区田间植株生长形态观测记录

项目技术员对项目区进行检查指导

检查灌溉设施及气象观测设备

扶绥县项目区 2013 年度测产验收

武鸣县项目区 2013 年度测产验收

江州项目区 2012 年度测产验收

对项目技术员进行现场培训

召开全区项目培训会

2015 年 1 月 14 日,在崇左市召开广西糖料蔗高效节水灌溉技术研讨会。会议邀请了中国工程院、国家灌排委员会、中国水利水电科学研究院、中国农业科学院等单位的专家和学者参会

组织全区技术员到武宣县项目区开展现场学习培训

组织技术员到江州项目区开展现场学习

2013～2014 年,中国工程院院士茆智(左五)多次到
江州区调研糖料蔗高效节水灌溉工作

2014 年 7 月 1 日,中国工程院院士王浩(右四)到
江州区调研糖料蔗高效节水灌溉工作

中国工程院院士康绍忠（左四）到项目区现场进行检查指导

中国工程院院士康绍忠（左二）到项目区进行检查指导

国际灌排委员会主席高占义（左二）指导广西糖料蔗高效节水
灌溉技术及用水定额应用研究工作

2012 年 10 月 19 日，时任广西壮族自治区
党委书记郭声琨（右二，现任公安部部长）
到江州区甘蔗高效节水灌溉项目区指导工作

2013 年 12 月 23 日,自治区人民政府主席陈武(右二)到
江州区甘蔗高效节水灌溉项目区指导工作

2012 年 9 月 26 日,自治区水利厅厅长杨焱(右三)到江州区新和镇
孔香甘蔗高效节水灌溉示范区检查指导工作

后　记

本手册是在广西灌溉试验中心站、南宁市灌溉试验重点站、北海市灌溉试验重点站以及江州区、柳江县、鹿寨县、武宣县、合浦县等县区水利局技术人员的共同努力下，以《广西糖料蔗灌溉定额及灌溉技术规程》和《糖料甘蔗滴灌高产栽培技术规程》为依据，经过多年的试验示范，推广应用，分析总结而成。从试验示范、总结分析到推广应用，每一步我们都力争拿到第一手资料。推荐给大家的灌溉技术和灌溉制度是我们多年来的经验积累和理论提升。看起来利用这些灌溉技术获得高产很容易，但是我们都知道，农业受制约的因素太多，比如灌溉定额和灌溉制度受降水量时空分布不均的影响很大，对管理人员的水平要求较高，配套技术要紧紧跟上等。因此，需要我们在今后的试验推广中不断探索，不断总结经验，不断提升我们的技术水平。

我们坚信在水资源日益短缺、人工成本不断上涨、糖料蔗产量不断下滑的今天，糖料蔗高效节水灌溉技术应用推广必有辉煌的明天。但是由于我们的水平有限，本手册中难免存在这样和那样的缺点和不足之处，恳请各位领导、各位同仁批评指正。

编　者

2015 年 8 月